高职高专特色课程项目化教材

计算机控制系统

主编 马 菲

U0395345

东北大学出版社

·沈 阳·

© 马 菲 2020

图书在版编目（CIP）数据

计算机控制系统／马菲主编. — 沈阳：东北大学

出版社，2020.8

ISBN 978-7-5517-2467-8

Ⅰ．①计… Ⅱ．①马… Ⅲ．①计算机控制系统—高等

职业教育—教材 Ⅳ．①TP273

中国版本图书馆 CIP 数据核字（2020）第 138853 号

内容简介

本教材以典型厂家及型号的计算机控制系统为对象，基于项目导向、任务驱动的理念，从生产过程控制系统工程案例出发，引入企业典型工作案例，主要介绍集散控制系统的软硬选型、设备安装、组态设计及系统运行调试，以及现场总线和 SIS 的构成、特点与网络通信等内容。

本教材不仅可作为高职高专生产过程自动化技术、电气自动化技术、机电一体化技术、计算机应用技术专业及石油、化工等相关专业的教材，也可供相关专业其他层次的职业技术院校和企业的工程技术人员使用。

出 版 者：东北大学出版社
　　　　　 地址：沈阳市和平区文化路三号巷 11 号
　　　　　 邮编：110819
　　　　　 电话：024-83687331（市场部）　83680267（社务部）
　　　　　 传真：024-83680180（市场部）　83680265（社务部）
　　　　　 网址：http://www.neupress.com
　　　　　 E-mail：neuph@ neupress.com
印 刷 者：辽宁一诺广告印务有限公司
发 行 者：东北大学出版社
幅面尺寸：185 mm×260 mm
印　　张：13
字　　数：276 千字
出版时间：2020 年 8 月第 1 版
印刷时间：2020 年 8 月第 1 次印刷
策划编辑：牛连功
责任编辑：杨世剑　周 朦
责任校对：吕 翀
封面设计：潘正一

ISBN 978-7-5517-2467-8　　　　　　　　　　定 价：35.00 元

前　言

随着电子技术和计算机技术的发展，计算机控制系统已经成为自动化生产的主要控制方式。本教材以仪表岗位所必备的计算机控制系统知识与技能为依据，从工程应用角度出发，引入企业典型工作案例，按照"贴近岗位，突出技能，知识够用为度"的原则，在总结多年项目化教学工作的基础上编写而成。

本教材的特色体现在三方面。一是分层教学。针对不同的教学对象，实施难易不同的教学计划，使教学过程多元智能化，以学生为中心，更多地从关注学生兴趣、开发学生潜能、促进学生全面发展考虑，引导学生健康成长。二是项目化教学。以工作任务为导向，以项目为载体，依据课程标准，结合实训环境，在课程改革经验的基础上编写教材。三是双元合作开发教材。聘请企业工程技术人员与专业教师共同设计和编写符合岗位需求的学习内容，实现"双元"合作开发教材。

本教材以仪表岗位为背景，设计了学习情境及其工作任务，每个任务由"项目描述""必备知识""实施与考核"三部分构成，基本涵盖了对仪表岗位从事计算机控制安装、运行和维护工作人员的典型要求。

本教材由马菲担任主编，李忠明担任主审，闫妍担任副主编，冯晓玲、李飞、王艳慧参编。具体分工为：马菲编写项目一和项目二，闫妍编写项目三，冯晓玲和王艳慧编写项目四和项目五，李飞编写项目六。

在本教材编写过程中，编者也参考了一些书刊，并引用了其中部分资料，同时得到中国石油锦州石化分公司崔永刚、邹凯开和郭健等企业工程技术人员的大力支持，辽宁石化职业技术学院刘玉梅、于辉、陈秀华、石学勇等老师也提出了建设性意见，在此表示衷心的感谢。

由于编者水平有限，本教材中难免存在错误或不足，敬请读者批评指正。

编　者
2020 年 6 月

目 录

第一部分

基础篇

项目一　计算机控制系统的认知

【项目描述】

通过学习，使学生在掌握计算机控制基本概念的基础上，了解计算机控制系统的组成与分类、发展趋势及从事计算机控制系统设计与维护的人员应具备的知识和能力，为毕业后参与计算机控制系统的安装、调试和维护工作打下初步基础。

【必备知识】

1. 计算机控制系统概述

计算机控制系统是利用计算机技术来实现生产过程自动控制的系统。控制器是自动控制系统中最重要的部分，若用计算机系统来代替控制器，则构成计算机控制系统。

由被控对象和过程控制仪表组成的过程控制系统称常规控制系统。而由被控对象和计算机组成的过程控制系统则称计算机控制系统。

2. 计算机控制系统的组成

计算机控制系统由硬件和软件两部分组成。

硬件主要由计算机系统（包括主机系统和外部设备）和过程输入输出设备、被控生产对象、执行器、检测变送环节等组成，其系统组成如图1-1所示。

软件由系统软件和应用软件组成。系统软件管理计算机的内存、外设等硬件设备，为计算机用户使用各种语言创造条件，同时为用户编制应用软件提供环境和方便，主要包括操作系统、数据库系统和一些公共平台软件等。应用软件是计算机在系统软件支持下实现各种应用功能的专用程序。计算机控制系统的应用软件一般包括控制程序，输入输出接口程序，人机接口程序，显示、打印、报警和故障联锁程序等。

在计算机控制系统中，硬件和软件不是独立存在的，在设计时必须注意两者间的有机配合和协调，只有这样才能研制出满足生产要求的高质量的控制系统。

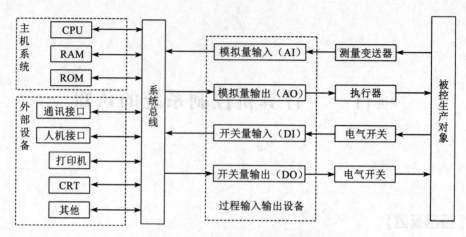

图 1-1　计算机控制系统硬件组成

3. 计算机控制系统的分类

从不同的出发点考虑，计算机控制系统可以有不同的分类。下面将按照计算机在控制系统中的典型应用方式来讨论计算机控制系统的分类。

根据计算机在控制系统中的典型应用方式，可以把计算机控制系统划分为五类，即操作指导控制系统、直接数字控制系统、监督计算机控制系统、集中分散型控制系统和可编程序控制器。

（1）操作指导控制系统

在操作指导控制系统中，计算机的输出不直接用来控制生产对象，而是对工艺变量进行采集，然后根据一定的控制算法计算出供操作人员参考、选择的操作方法、最佳设定值等，再由操作人员直接作用于生产过程，其系统组成如图 1-2 所示。

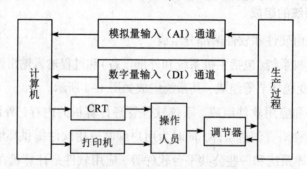

图 1-2　操作指导控制系统示意图

（2）直接数字控制系统

直接数字控制系统（direct digital control，DDC）是计算机用于工业过程控制较普遍的一种方式，计算机通过输入通道对一个或多个工艺变量进行巡回检测，并根据控制规律进行运算后发出控制信号，通过输出通道直接控制执行器，以进行生产过程的控制，其系统组成如图 1-3 所示。

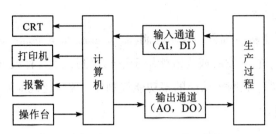

图 1-3　直接数字控制系统示意图

（3）监督计算机控制系统

监督计算机控制系统（supervisory computer control，SCC）是计算机根据工艺变量按照所设计的控制算法计算出最佳设定值，并将此设定值直接传送给常规模拟控制器或 DDC 计算机，最后由模拟控制器或 DDC 计算机控制生产过程的系统，其系统组成如图 1-4 所示。

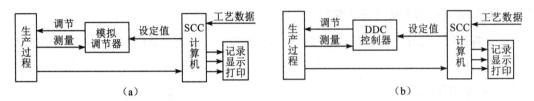

图 1-4　监督控制系统的两种结构示意图

（4）集中分散型控制系统

集中分散型控制系统简称集散控制系统，严格地讲，应称为分散型控制系统（distributed control system，DCS）。在生产过程中，既存在控制问题，也存在管理问题，如果用一台主计算机集中管理、控制整个生产过程，一旦主机发生故障，将会影响全局。为此，人们采用了微处理器进行分散控制，再用高速数据通讯系统和屏幕显示装置及打印机等其他装置集中管理，以适应现代化生产分散控制与集中管理的需求，其系统组成如图 1-5 所示。

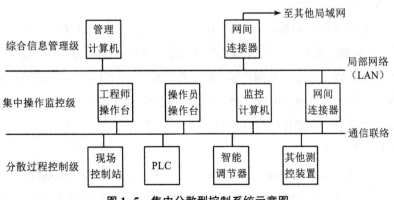

图 1-5　集中分散型控制系统示意图

（5）可编程序控制器

可编程序控制器也称可编程序逻辑控制器（program logic controller，PLC），其起源于逻辑控制领域。目前，它已发展成为既能用于逻辑控制，还具有数据处理、故障自诊断、模拟量处理、PID 运算、联网等功能的多功能控制器，被广泛地应用于过程控制领域。其系统组成如图 1-6 所示。

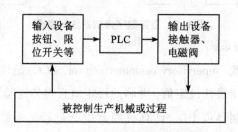

图 1-6　PLC 控制系统示意图

4. 计算机控制系统的发展方向

计算机控制系统在过程控制领域愈来愈受到青睐，因此前景广阔。其主要有以下几个发展方向。

（1）集散控制系统

集散控制系统是以微处理机为核心，利用"4C"技术，即 computer（计算机技术）、communication（通讯技术）、CRT（显示技术）和 control（控制技术），实现过程控制和过程管理的计算机控制系统。

它采用危险分散、控制分散而操作和管理集中的设计思想，多层分级、合作自治的结构形式，以适应现代化生产和管理的要求。

（2）可编程序控制器

可编程序控制器是灵活、可靠、易变更的控制器。随着数据处理、故障诊断、PID 运算、联网功能的增强，其作用将越来越大。

（3）现场总线控制系统

现场总线控制系统（fieldbus control system，FCS）的结构模式为"工作站—现场总线智能仪表"二层结构。它是新一代分布式控制系统，现场总线通过一对传输线，可挂接多台设备，实现多个数字信号的双向传输，数字信号完全取代 4～20 mA 的模拟信号，实现了全数字通信，是一种开放、全数字化、双向、多站的通信系统。因此，现场总线控制系统具有良好的开放性、互操作性与互用性。

（4）安全仪表系统

安全仪表系统（safety instrumentation system，SIS），又称安全联锁系统（safety interlocking system），主要为工厂控制系统中的报警和联锁部分，对控制系统中检测结果实施报警动作或调节、停机控制，是工厂企业自动控制中的重要组成部分。SIS 系统主要对生产过程实时控制系统(如 DCS、PLC 等)的重要参数进行采集、汇总、存储,并在企业范围内进行信息共享。通过 SIS 系统,可以方便、安全地对生产信息进行统一管理、查询、分析,从而提高企业信息化水平,以满足管理生产过程的需求。生产该系统常见的国内厂家有北京康吉森、黑马,进口厂家有 TRICONEX 等。

(5)计算机集成制造系统

计算机集成制造系统(computer intergrated manufacture system,CIMS)是在自动化技术、信息技术及制造技术基础上,通过计算机及其软件,将制造工厂全部生产环节所使用的各种分散的自动化系统有机地集成起来,实现多品种、中小批量生产的智能制造系统。

(6)智能控制系统

智能控制系统用机器代替人类从事各种劳动,把生产力发展到更高水平,进入信息时代。

5. 计算机控制系统项目的实施流程

(1)前期设计

在工程项目签约前,要确定工艺基本要求、系统的规模、测点的数目及特性(如量程、单位、阀特性、触点的常开和常闭等)、控制要求(如联锁、常规控制、特殊控制等)、需监控的流程画面(如带测点的工艺流程图样式、操作界面的样式等)、报表样式及要求、控制室的布置设计(通常由设计院完成,包括测点清单设计、控制方案设计、流程图设计、设备选型计算等)。

(2)硬件选型

根据系统实际测点和控制情况,选择系统需要的硬件设备,使硬件配置可以满足设计中的数据监控、画面浏览等要求,并为将来的系统扩展升级留有一定的余量。

(3)组态设计

根据前期设计和硬件选型的结论,用系统组态软件包中的相关软件进行组态设计,一般按照以下步骤进行。

①以系统整体构架为基础,进行总体信息的组态(包括系统有几个控制站、操作站)构成。

②控制站组态。根据已经设计好的布置图、测点清单进行卡件配置、I/O 测点设置、信号参数的设置、控制方案组态。

③操作站组态。对操作站上的流程图、趋势画面等画面进行组态,同时进行报表制作等。

④其他组态。如与异构化系统的连接等。

（4）设备安装

设备安装之前，需要确定控制室的环境布置是否符合计算机控制的工作要求，是否具备供电条件，接地系统是否完成，机柜、操作台等是否就位，电缆的铺设是否符合标准，现场仪表的就位是否正常。

确认安装的准备工作就绪以后，可以进行设备接线、卡件安装等工作。

安装工作依据的文档主要有设计时形成的《计算机控制系统设备安装图》（包含《控制室布置图》《计算机控制安装尺寸图》《计算机控制系统配置图》）、《计算机控制电缆布线规范》、《计算机控制系统供电图》、《计算机控制系统通讯图》、《计算机控制系统接地图》、《测点清单》、《卡件布置图》、《端子接线图》、《外配部分接线图》等。

（5）调试

在设备就位的基础上，可以进行组态的下载及控制系统的调试和联调。这些工作的进行测试了系统各设备的通讯是否畅通，硬件工作是否正常，现场设备能否按照配置正确的工作，控制方案是否满足控制要求。

（6）投运

将装置投入生产，实现自动控制；启动监控软件，进行操作。

【实施与考核】

1. 实施流程

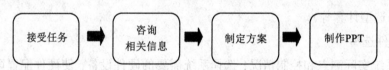

每5~6人进行随机组合，通过因特网、图书资料和参观计算机控制装置等方式，收集整理计算机控制系统生产商、产品及应用方面的相关信息，然后制作成PPT进行学习评价，并依据评价标准给出成绩。

2. 考核内容

①什么是计算机控制系统？它有哪些特点？

②计算机控制系统的组成是什么？

③计算机控制的分类有哪些？

④计算机控制系统的发展方向有哪些？

⑤计算机控制系统项目的实施流程是什么？

⑥常见计算机控制系统的厂家和型号有哪些？

项目二　JX-300XP DCS 控制系统的选型、安装与操作

【项目描述】

要求用浙江中控 JX-300XP DCS 装置设计一套乙酸乙酯的控制系统，根据测点清单进行前期统计、硬件选型、设备安装、组态设计及系统运行调试。通过 JX-300XP DCS 控制系统实现对乙酸乙酯装置的实时监控。

表 2-1　乙酸乙酯工艺设备清单

序号	位号	描述	名称	量程	报警	趋势记录周期
1	TI-201	反应釜夹套温度	铂热电阻	0~150 ℃	HI10%；LO5%	低精度并记录 2 s
2	TI-202	反应釜内部温度	铂热电阻	0~150 ℃	HI10%；LO5%	低精度并记录 2 s
	TV-202	反应釜反应温度控制	全隔离三相交流调压模块			
	TZ-202	反应釜夹套导热油加热	加热管			低精度并记录 2 s
3	TI-301	中和釜釜内温度	铂热电阻	0~150 ℃	HI10%；LO5%	低精度并记录 1 s
4	TI-401	筛板塔塔釜温度检测	铂热电阻	0~150 ℃	HI10%；LO5%	低精度并记录 1 s
	TV-401	筛板塔塔釜温度调压	全隔离三相交流调压模块			
	TZ-401	筛板塔塔釜温度加热	加热管			低精度并记录 1 s
5	TI-402	筛板塔第一塔节温度	铂热电阻	0~120 ℃	HI5%；LO5%	低精度并记录 1 s
6	TI-403	筛板塔第二塔节温度	铂热电阻	0~120 ℃	HI5%；LO5%	低精度并记录 1 s
7	TI-404	筛板塔第三塔节温度	铂热电阻	0~120 ℃	HI5%；LO5%	低精度并记录 1 s

表 2-1(续)

序号	位号	描述	名称	量程	报警	趋势记录周期
8	TI-405	筛板塔第四塔节温度检测	铂热电阻	0~120 ℃	HI10%；LO5%	低精度并记录 1 s
9	TI-406	筛板塔塔顶温度	铂热电阻	0~150 ℃	HI10%；LO5%	低精度并记录 1 s
10	TI-407	筛板塔回流温度	铂热电阻	0~150 ℃	HI10%；LO5%	低精度并记录 1 s
11	TI-408	萃取液罐温度	铂热电阻	0~150 ℃	HI10%；LO5%	低精度并记录 1 s
	TV-408	萃取液罐加热电压调节	全隔离三相交流调压模块			
	TZ-408	萃取液罐加热	不锈钢加热管			低精度并记录 1 s
12	TI-409	萃取剂进料温度	铂热电阻	0~150 ℃	HI10%；LO5%	低精度并记录 1 s
13	TI-501	填料塔进料温度	铂热电阻	0~150 ℃	HI10%；LO5%	低精度并记录 1 s
14	TI-502	填料塔塔釜温度	铂热电阻	0~150 ℃	HI10%；LO5%	低精度并记录 1 s
	TV-502	填料塔塔釜温度控制	全隔离三相交流调压模块			
	TZ-502	填料塔塔釜加热	不锈钢加热管			低精度并记录 1 s
15	TI-503	填料塔第二塔节温度	铂热电阻	0~150 ℃	HI10%；LO5%	低精度并记录 1 s
16	TI-504	填料塔第三塔节温度	铂热电阻	0~150 ℃	HI10%；LO5%	低精度并记录 1 s
17	TI-505	填料塔塔顶温度检测	铂热电阻	0~150 ℃	HI10%；LO5%	低精度并记录 1 s
18	TI-506	填料塔回流温度检测	铂热电阻	0~150 ℃	HI10%；LO5%	低精度并记录 1 s
19	PI-201	反应釜压力检测	压力变送器	0~150 kPa	HH120；HI85 LO65；LL0	低精度并记录 1 s
20	PI-402	筛板精馏塔釜压力	压力变送器	0~150 kPa	HH120；HI85 LO65；LL0	低精度并记录 1 s
21	PI-403	筛板精馏塔顶压力	压力变送器	0~150 kPa	HH120；HI85 LO65；LL0	低精度并记录 1 s
22	PI-502	填料精馏塔釜压力	压力变送器	0~150 kPa	HH120；HI85 LO65；LL0	低精度并记录 1 s
23	PI-503	填料精馏塔顶压力	压力变送器	0~150 kPa	HH120；HI85 LO65；LL0	低精度并记录 1 s

表 2-1(续)

序号	位号	描述	名称	量程	报警	趋势记录周期
24	LI-402	筛板精馏塔塔釜液位	差压变送器			低精度并记录 1 s
25	LI-403	1#分液回流罐液位	差压变送器			低精度并记录 1 s
26	LI-407	残液储罐 A 液位	差压变送器			低精度并记录 1 s
27	LI-502	填料塔塔釜液位	差压变送器			低精度并记录 1 s
28	LI-503	2#分液回流罐液位	差压变送器			低精度并记录 1 s
29	FI-101	1#冷凝液器冷却水流量	防爆电磁流量计			低精度并记录 60 s
	FV-101	1#冷凝液器冷却水流量控制	防爆电动调节阀			
30	FI-104	2#冷凝液器冷却水流量	防爆电磁流量计			低精度并记录 60 s
	FV-104	2#冷凝液器冷却水流量控制	防爆电动调节阀			
31	FI-105	3#冷凝液器冷却水流量	防爆电磁流量计			低精度并记录 60 s
	FV-105	3#冷凝液器冷却水流量控制	防爆电动调节阀			
32	M-101	冷却水泵	防爆式离心泵		ON 报警	低精度并记录 1 s
	MV-101	冷却水泵变频控制	三菱变频器			
33	M-102	真空泵	防爆旋片式真空泵			低精度并记录 1 s
34	M-201	乙酸输送泵	磁力驱动齿轮泵			低精度并记录 1 s
35	M-202	乙醇输送泵	磁力驱动齿轮泵			低精度并记录 1 s
36	M-203	导热油泵	磁力驱动齿轮泵			低精度并记录 1 s

表 2-1（续）

序号	位号	描述	名称	量程	报警	趋势记录周期
37	M-301	1#进料泵	防爆磁力驱动计量泵		变化频率大于 2 s 报警；延时 3 s	低精度并记录 1 s
	MV-301	1#进料泵出口流量控制	三菱变频器			
38	M-401	萃取液泵	防爆磁力驱动计量泵			低精度并记录 1 s
	MV-401	萃取液泵出口流量控制	三菱变频器			
39	M-402	1#回流泵	防爆磁力驱动计量泵			低精度并记录 1 s
	MV-402	1#回流泵控制	三菱变频器			
40	M-501	2#进料泵	防爆磁力驱动计量泵			低精度并记录 1 s
	MV-501	2#进料泵出口流量控制	三菱变频器			
41	M-502	2#回流泵	防爆磁力驱动泵			低精度并记录 1 s
	MV-502	2#回流泵控制	三菱变频器			
42	M-601	反应釜电机调速	三菱变频器			低精度并记录 1 s
	MV-601					
43	M-602	中合釜电机调速	三菱变频器			低精度并记录 1 s
	MV-602					

要求：控制系统由一个控制站、一个工程师站、三个操作站组成。

任务一 系统软硬件的认知

【任务描述】

每 5~6 人进行随机组合，通过因特网、图书资料和参观乙酸乙酯装置等方式，收集整理 JX-300XP DCS 控制系统生产商、产品及应用方面的相关信息，然后制作成思维导图并进行学习评价，依据评价标准给出成绩。

【必备知识】

1. 系统基本硬件

JX-300XP DCS 控制系统由现场控制站、工程师站、操作员站、过程控制网络等组成，如图 2-1 所示。

（1）现场控制站

现场控制站是系统中的 I/O 处理单元，负责完成整个工业过程的现场数据采集及控制。它主要由机柜、机笼、供电单元、端子板和各类卡件（包括主控制卡、数据转发卡、通信接口部件和各种信号输入/输出卡）组成。

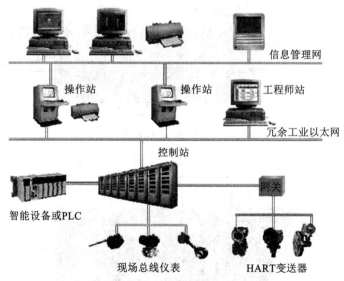

图 2-1 系统基本硬件

①机柜。机柜 XP202X 适用 JX-300XP 系统，采用 DIN 型导轨电源，结构简单、安装方便。该机柜为大容积率产品，最多可支持 6 个 I/O 机笼的安装。机柜中配有通风设备，固定安装在机柜顶部。机柜正反面如图 2-2 所示。

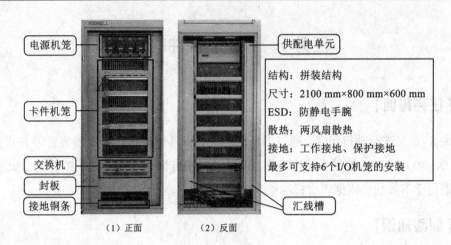

电源机笼

卡件机笼

交换机

封板

接地铜条

供配电单元

结构：拼装结构
尺寸：2100 mm×800 mm×600 mm
ESD：防静电手腕
散热：两风扇散热
接地：工作接地、保护接地
最多可支持6个I/O机笼的安装

汇线槽

（1）正面　　（2）反面

图 2-2　机柜正反面

②机笼。机笼分为 I/O 机笼和电源机笼，如图 2-3 和图 2-4 所示。I/O 机笼提供 20 个卡件插槽：2 个主控制卡插槽、2 个数据转发卡插槽和 16 个 I/O 卡插槽。电源端子 XP258 将 24VDC 转换为 5VDC，给机笼中所有的卡件提供直流电源。I/O 机笼还提供主控制卡与数据转发、数据转发卡与 I/O 卡件之间数据交换的物理通道。在电源机笼中，系统电源模块将 220VAC 转换为 24VDC，1 对系统电源可以为 3 个 I/O 机笼供电，图 2-4 所示机笼左侧的 2 个电源为 1~3 个 I/O 机笼供电，右侧的 2 个电源为 4~6 个 I/O 机笼供电。

数据转发卡

主控卡

XP258-1

XP258-2

IO卡

图 2-3　I/O 机笼

A　　　　　　　　B

互为冗余　　　　互为冗余

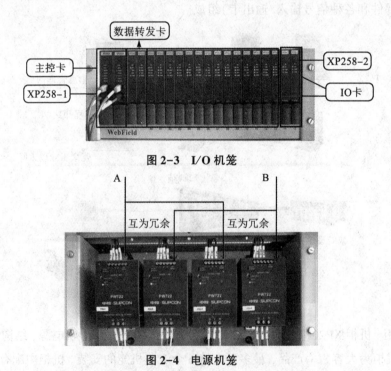

图 2-4　电源机笼

③卡件。

❖控制站卡件类别分为主控卡、数据转发卡和 I/O 卡件。常用的 I/O 卡件如表 2-2

所列。

表 2-2 常用的 I/O 卡件

型号	名称	图例	性能	知识点
XP243X	主控制卡	XP243X ○FAIL ○RUN ○WORK ○SYOBY ○LED-A ○LED-B ○SLAVE A B MCU	负责采集、控制和通信等	它是系统的软硬件核心，协调控制站内部所有的软硬件关系，执行各项控制任务。其主要包括：I/O 处理，控制运算，上下网络通信控制、诊断。 它采用 3 个 32 位嵌入式微处理器协同处理控制站任务，具有双重冗余的以太网通信接口和上位机通信；灵活支持冗余（1：1 热备用）和不冗余的工作模式；192 个控制回路（64 个常规+128 个自定义），采样控制速率可选 50 ms～5 s；综合诊断 I/O 卡件和 I/O 通道具有灵活的报警处理和信号质量码功能；后备锂电池能保证在断电情况下，卡件内 SRAM 中的数据最长 5 年不丢失
XP233	数据转发卡	XP233 ○FAIL ○RUN ○WORK ○COM ○POWER DT	SBUS 总线标准，用于扩展 I/O 单元	它负责主控制卡与 I/O 卡件之间的数据交换，是每个机笼的必备件；具有 WDT 看门狗复位功能，支持卡件冗余，可单卡工作；可对本机笼的供电状况实行自检（上电时地址冲突检测、通道自检功能、SBUS 总线故障检测功能）；可采集冷端温度并检测环境温度；可以通过导线将冷端温度测量元件延伸到任意位置处（如现场的中间端子柜），节约热电偶补偿导线；可实现总线节点的远程连接；支持冗余高速 SBUS 总线通信
XP258	电源卡	XP258 ○FAIL ○SV ○24V(A) ○24V(B)	统一欧插，无须接线，可冗余	它是非隔离 24 V 转 5 V 电源卡，主要用于大容积率产品中；支持在 JX-300XP 机柜机笼中的冗余配置。该卡件采用宽、窄两种面板设计，以满足各种槽位对卡件面板的不同需求。 电源卡具备的功能：输出过流保护功能；输出端过、欠压检测功能；输入端过、欠压检测功能；输入过流保护功能；输入欠压锁定功能。 电源卡 XP258 的面板采用宽、窄两种设计，宽面板卡件型号 XP258-1，窄面板卡件型号 XP258-2

表 2-2(续)

型号	名称	图例	性能	知识点
XP313	电流信号输入卡	XP313 ○FAIL ○RUN ○WORK ○COM ○POWER ACI	6路输入,可配电,分两组隔离,可冗余	它是智能型的、带有模拟量信号调理的信号采集卡,可为6路变送器提供24 V隔离电源。卡件可处理0~10 mA和4~20 mA电流信号。 XP313卡的6路信号调理分为两组,其中1,2,3通道为第一组,4,5,6通道为第二组。同一组的信号调理采用同一个隔离电源供电,两组的电源及信号互相隔离,并且都与控制站的电源隔离
XP313I	电流信号输入卡	XP313 I ○FAIL ○RUN ●WORK ●COM ●POWER ACI	6路输入,可配电,点点隔离,可冗余	它是通道隔离型的6通道电流信号(Ⅱ型或Ⅲ型)输入卡,可为6路变送器提供+24 V隔离配电电源。XP313I卡的6通道信号实现通道间隔离,分别用6个DC~DC实现隔离电源供电,并且都与控制站的电源隔离
XP351	电流信号输入卡	XP351 ○FAIL ○RUN ●WORK ●COM ○POWER AI	8路输入,统一隔离,可冗余	它是隔离型电流信号输入卡,支持Ⅲ型(4~20 mA)电流信号的输入。卡件可按1∶1冗余配置使用。 在发生热复位时,XP351卡件对采样信号进行保持,维持正常工作,模块具有超量程功能

表 2-2(续)

型号	名称	图例	性能	知识点
XP314	电压信号输入卡	XP314 ○FAIL ○RUN ○WORK ○COM ○POWER AVI	6 路输入，分两组隔离，可冗余	它是智能型的、带有模拟量信号调理的信号采集卡，各路分别可接收 II 型、III 型标准电压信号、毫伏信号，以及各种型号的热电偶信号，并将其转换成数字信号送给主控制卡 XP243。当其处理热电偶信号时，具有冷端温度补偿功能
XP316	热电阻信号输入卡	XP316 ○FAIL ○RUN ○WORK ○COM ○POWER RTD	4 路输入，分两组隔离，可冗余	它是专用于测量热电阻信号的 A/D 转换卡，分别可接收 Pt100，Cu50 两种热电阻信号，并将其调理后转换成数字信号送给主控制卡 XP243。 XP316 卡的 4 路信号调理分为二组，其中 1，2 通道为第一组，3，4 通道为第二组。同一组的信号调理采用同一个隔离电源供电，两组的电源及信号互相隔离，并且都与控制站的电源隔离
XP322	模拟信号输出卡	XP322 ○FAIL ○RUN ○WORK ○COM ○POWER AO	4 路输出，点点隔离，可冗余	它是电流（II 型或 III 型）信号输出卡。作为带 CPU 的高精度智能化卡件，其具有自检和实时检测输出状况的功能，允许主控制卡监控正常的输出电流

表 2-2(续)

型号	名称	图例	性能	知识点
XP372	模拟信号输出卡	XP366 ○FAIL ○RUN ○WORK ○COM ○POWER AO	8 路输出，统一隔离，可冗余	它是隔离型电流信号输出卡，能够实现Ⅲ型(4～20 mA)电流信号的输出。卡件可按 1∶1 冗余配置使用。 在发生热复位时，XP372 模块保持输出状态，维持正常工作，同时模块具有超量程输出功能
XP362	晶体管触点开关量输出卡	XP362 ○FAIL ○RUN ○WORK ○COM ○POWER ○CH1/2 ○CH3/4 ○CH5/6 ○CH7/8 DO	8 路输入，统一隔离，可冗余	智能型无源晶体管触点开关量输出卡具有输出自检功能，支持单卡和冗余两种工作方式。XP362 卡可以通过中间继电器驱动电动控制装置，也可以直接驱动电流较小的电磁阀。本卡件不提供中间继电器的工作电源。 XP362 卡可以直接驱动现场设备，也可以通过 XP527 转接模块连接到 XP562－GPRU 或 XP562－GPRPU 端子板完成对现场设备的控制
XP363	触点型开关量输入卡	XP363 ○FAIL ○RUN ○WORK ○COM ○POWER ○CH1/2 ○CH3/4 ○CH5/6 ○CH7/8 DI	8 路输入，统一隔离，可冗余	它是数字量信号输入卡，支持冗余和单卡两种工作模式。它能够快速响应开关量信号的输入，实现数字量信号的准确采集。XP363 具有卡件内部软硬件在线检测功能(即对 CPU、配电电源进行检测，以保证卡件可靠运行)

表 2-2(续)

型号	名称	图例	性能	知识点
XP366	触点型开关量输入卡	 XP366 ○FAIL ○RUN ○WORK ○COM ○POWER DI	16 路输入，统一隔离，可冗余	它是智能型数字量信号输入卡，支持冗余和单卡两种工作模式。它能够外接端子板 TB366-DU，TB366-220VU，TB366-48VU，TB366-GPRHU，TB366-GPRU，TB366-NPNU 及安全栅底板 TB366-E8R，实现干触点信号(无源触点)和电平信号的输入。XP366 具有卡件内部软硬件在线检测功能(对 CPU、配电电源进行检测，以保证卡件可靠运行)
XP367	无晶体管触点开关量输出卡	 XP367 ○FAIL ○RUN ○WORK ○COM ○POWER DO	16 路输入，统一隔离，可冗余	它是智能型无源晶体管开关触点输出卡，支持单卡和冗余两种工作方式。XP367 卡需配合端子板 TB367R-GPR，TB367-GPRU 或 TB367-GPRPU 使用。XP367 具有支持热插拔及输出保持等功能
XP000	槽位保护卡	XP000	I/O 槽位保护板	也叫空卡

❖I/O 卡件配套端子板。在 JX-300XP 系统中，每一块卡件都需要配套选择一块端子板才能正常使用。I/O 机笼常用接线端子板分为 XP520 和 XP520R 两种，如图 2-5 所示。XP520(不冗余)的 32 个接线点供相邻的两块 I/O 卡件使用；端子板上的两列端子在

电气上无任何联系,分别对应两块独立的 I/O 卡件。XP520R(冗余)的 16 个接线点,供互为冗余的两块 I/O 卡件使用。

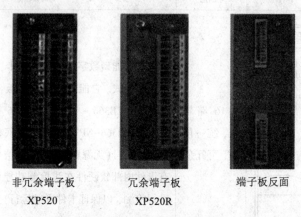

非冗余端子板	冗余端子板	端子板反面
XP520	XP520R	

图 2-5　常用接线端子板

④以太网交换机。集线器可根据网络规模的大小选择共享型 HUB 或交换型 HUB(又称交换机,SWITCH)。以太网交换机 SUP-2118M 具有端口交换、网络速度自适应的功能,是 SCnet Ⅱ 网络中连接操作站计算机和控制站主控制卡的通信设备,是对网络进行集中管理的单元。SUP-2118M 型交换机外观示意图如图 2-6 所示。

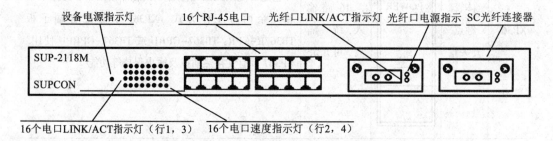

图 2-6　SUP-2118M 型交换机外观示意图

(2)操作员站、工程师站的软硬件

操作员站是操作人员完成过程监控管理任务的操作平台,基本组成包括显示器、主机(PC)、操作员键盘、鼠标、操作站狗(图 2-7)、SCnet Ⅱ 网卡、操作台、打印机,以及操作系统下安装的 AdvanTrol-Pro 实时监控软件等。

图 2-7　操作站狗

工程师站是为专业工程技术人员设计的，内装有相应的组态平台和系统维护工具，用于工程设计、系统扩展或维护修改。如图 2-8 所示，工程师站的基本组成包括显示器、主机(PC)、键盘、鼠标、工程师站狗，以及操作系统、安装的 AdvanTrol-Pro 实时监控软件和组态软件安装包等。

图 2-8　操作站(操作员站、工程师站)

操作员站、工程师站硬件配置与操作站硬件配置基本一致，工程师站硬件可代替操作员站硬件，区别仅在于系统软件的配置不同。工程师站除了安装有操作、监控等基本功能的软件外，还装有相应的系统组态、系统维护等应用工具软件。

操作员通过专用键盘并配以鼠标就可实现所有的实时监控操作任务。如图 2-9 所示，操作员键盘共有 96 个按键，大致分为自定义键、功能键、画面操作键、屏幕操作键、回路操作键、数字修改键、报警处理键及光标移动键等，其中对一些重要的键实现了冗余设计。

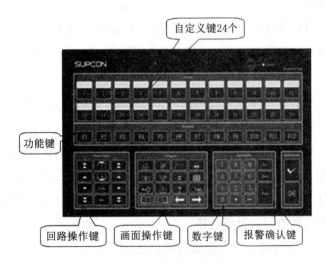

图 2-9　操作员键盘(XP032)

如图 2-10 所示，操作站网卡是采用带内置式 10BaseT 收发器(提供 RJ45 接口)的以太网接口，它既是 SCnet Ⅱ 通讯网与上位操作站的通讯接口，又是 SCnet Ⅱ 网的节点(两块互为冗余的网卡为一个节点)，能完成操作站与 SCnet Ⅱ 通讯网的连接。

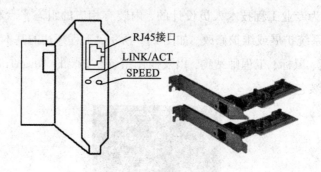

图 2-10　操作站网卡

服务器站用于连接过程控制网和管理信息网，也作为采用 C/S 网络模式的过程信息网的服务器。当其与管理信息网相连时，可与企业管理计算机网（ERP 或 MIS）交换信息，实现企业网络环境下的实时数据和历史数据采集，从而实现整个企业生产过程的管理、控制全集成综合自动化。当作为过程信息网的服务器时，客户端（操作员站）可通过其实现对实时数据和历史数据的查询。

数据管理站用于实现系统与外部数据源（异构系统）的通信，从而实现过程控制数据的统一管理。

（3）JX-300XP DCS 系统网络

JX-300XP DCS 系统网络采用成熟的计算机网络通讯技术，构成高速的冗余数据传输网络，实现过程控制实时数据及历史数据的及时传送。JX-300XP 系统通信网络共有四层，分别是管理信息网（Ethernet）、过程信息网（SOnet）、过程控制网（SCnet Ⅱ）和 I/O 总线（SBUS 总线）。JX-300XP DCS 系统网络结构示意图如图 2-11 所示。

①管理信息网，采用以太网络，用于工厂级的信息传送和管理，是实现全厂综合管理的信息通道。

②过程信息网可实现操作节点之间包括实时数据、实时报警、历史趋势、历史报警、操作日志等的实时数据通信和历史数据查询。

③过程控制网称为 SCnet Ⅱ。JX-300XP 系统采用了双冗工业以太网 SCnet Ⅱ 作为过程控制网络。它直接连接了系统的控制站、操作站、工程师站、通信接口单元等，是传送过程控制实时信息的通道，具有很高的时效性和可靠性，通过接挂网桥，SCnet Ⅱ 可以与上层的信息管理网或其他厂家设备连接。

SCnet Ⅱ 现在最常用的通讯介质为双绞线和光纤。

❖连接控制站与操作站、工程师站。当距离小于 100 m，直接用双绞线连接 SWI TCH 与计算机上的网卡即可；当距离大于 100 m，若操作站较多，需要使用带光纤接口的 SWITCH，在控制室安置一对，在控制柜中安装一对，SWITCH 间通过光纤连接，SWITCH 与主控卡和计算机还是通过双绞线来连接。

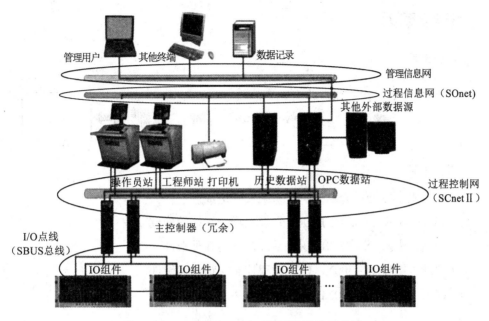

图 2-11　JX-300XP DCS 系统网络结构示意图

❖连接多个控制站间。若距离小于 100 米，直接用双绞线连接就可以了；若距离大于 100 米，需要配置带光纤接口的 SWITCH，利用光纤进行连接。

④控制站内部 I/O 控制总线，称为 SBUS。SBUS 总线是控制站内部 I/O 控制总线，主控制卡、数据转发卡、I/O 卡通过 SBUS 进行信息交换。

2. 系统软件

应用软件包型号：AdvanTrol-Pro(ForJX-300XP)；中文名：中控控制系统软件包。

软件包构成：AdvanTrol-Pro 软件包可分成两大部分，即系统组态软件和系统运行监控软件。

系统组态软件包括：用户组态软件(SCSecurity)、系统组态软件(SCKey)、图形化编程软件(SCControl)、语言编程软件(SCLang)、流程图制作软件(SCDrawEx)、报表制作软件(SCFormEx)、二次计算组态软件(SCTask)、ModBus 协议外部数据组态软件(AdvMBLink)等。

系统运行监控软件包括：实时监控软件(AdvanTrol)、数据服务软件(AdvRTDC)、数据通信软件(AdvLink)、报警记录软件(AdvHisAlmSvr)、趋势记录软件(AdvHisTrdSvr)、ModBus 数据连接软件(AdvMBLink)、OPC 数据通信软件(AdvOPCLink)、OPC 服务器软件(AdvOPCServer)、网络管理和实时数据传输软件(AdvOPNet)、历史数据传输软件(AdvOPNetHis)、网络文件传输(AdvFileTrans)等。系统运行监控软件安装在操作员站和运行的服务器、工程师站中，通过各软件的相互配合，实现控制系统的数据显示、数据通信及数据保存。

【实施与考核】

1. 实施流程

接受任务 → 咨询相关信息 → 制定方案 → 制作思维导图 → 验收

2. 考核内容

①掌握浙大中控 JX-300XP DCS 系统硬件组成。

②掌握浙大中控 JX-300XP DCS 系统现场控制站的构成。

③认识浙大中控 JX-300XP DCS 系统常见的几种卡件。

④认识浙大中控 JX-300XP DCS 过程控制网络相关硬件。

⑤掌握浙大中控 JX-300XP DCS 系统软件的组成。

任务二 系统软硬件的选型

【任务描述】

在工程实施之前，需要进行合理的前期统计。本教材选用浙大中控 JX-300XP 系统进行现场控制站、工程师站、操作员站选择。要求根据乙酸乙酯工艺设备清单正确统计出的测点清单，选择合适的卡件，进行相关的统计（适当留有余量），从而确定控制站及操作站的规模。

【必备知识】

1. 系统总体规模

若采用主控制卡 XP243X，WebField JX-300XP 最大系统配置为 63 个冗余的控制站和 72 个操作节点，最大支持 2048 个 DI、2048 个 DO、512 个 AI、192 个 AO；系统 I/O 点容量可达到 20000 点，控制回路 192 个/站（其中 BSC，CSC 之和最大不超过 128 个，常规控制回路不超过 64 个。注：BSC 为自定义单回路、CSC 为自定义串级回路）。可根据 I/O 规模大小决定控制站数量，操作节点可根据用户操作的不同决定配置的数量与规格。

2. 单控制站规模

系统推荐使用规模：一个控制柜最多只能安装 1 个电源机笼、2 个交换机、1 个交流配电箱和 6 只 I/O 机笼（单控制站最大允许的机笼数为 8 个，但仅当一个控制站信号点数在最大配置点数范围内，并同时满足下文所述各条件时方可使用，否则可能造成系统资源不足），即通过计算出来的机笼数目除以 6 得出安装 I/O 机笼所需的机柜数量。

3. 系统电源单体

系统电源单体为双输出电源模块（电源模块同时输出 5 V，24 V DC），严禁系统电源给非系统设备供电。单个电源模块 150 W，电源模块供电时一般要求冗余配置。

4. I/O 单元规模

每个机笼最多可配置 20 块卡件，即除了最多配置一对互为冗余的主控制卡和数据转发卡之外，还可最多配置 16 块各类 I/O 卡件。每个机笼内，I/O 卡件均可按冗余或不冗余方式进行配置。在每个机笼内，I/O 卡件均可按冗余或不冗余方式配置，数量在卡件总量不大于 16 个的条件下不受限制，即将所得的总的 I/O 卡件数目除以 16 得到需要配置的机笼数目。

5. I/O 卡信号分组

系统 I/O 卡件中，XP313，XP314 卡件都是 6 点信号卡，其内部分为 3 通道一组，单块卡件共两组。为提高 I/O 卡件工作的稳定性，减少卡件各通道之间信号的相互影响，实际使用中，推荐 XP313，XP314 卡件同组内信号特点应尽量保持一致，即 XP313 同一组中，信号全为 II 型、III 型配电、III 型不配电三种模式中的某一种，XP314 卡件同组内信号全为小信号（热偶、毫伏信号）、大信号（0~5 V，1~5 V）中的某一种。

6. 点点隔离卡的选用

JX-300XP 系统有点点隔离型 AI 卡件，该类卡件各通道都配有独立的 DC/DC 电路，实现了通道间电源的完全隔离，使用方法与组组隔离型卡件基本相同。点点隔离型卡件（XP313I，XP314I，XP316I）主要面向现场信号间存在明显差模电压的应用环境，推荐使用场合：火电、热电、冶金、建材（如水泥生产）等项目。

7. 单控制站自定义变量限制

单个控制站各类变量总数：支持 4096 个自定义 1 字节变量（虚拟开关量）；2048 个自定义 2 字节变量（int，sfloat）；512 个自定义 4 字节变量（long，float）；256 个自定义 8 字节变量（sum）；自定义回路 128 个。

8. 数据转发卡 XP233 规模

机笼可配置互为冗余的两块数据转发卡，数据转发卡是每个机笼必配的卡件，即机笼数目乘以 2 就得到数据转发卡的数目。

9. 电源卡

电源卡 XP258 的面板采用宽、窄两种设计，宽面板卡件型号 XP258-1，窄面板卡件型号 XP258-2。XP258-2 放在带主控卡的机笼中最后两个槽位；XP258-1 放在不带主控卡机笼中主控卡槽位，通常冗余配置。

10. 电流信号输入卡

一般情况下，同一块卡件只能测量同一类信号。配置时遵循以下公式：

$$电流输入卡块数 = \frac{电流信号测点个数}{6}（若有小数则进位取整）$$，若冗余配置则块数乘以 2。

11. 电压信号输入卡

一般情况下，同一块卡件只能测量同一类信号。一块卡件中不要既有 K 型热电偶，又有 S 型热电偶或是其他的混用情况。配置时遵循以下公式：

$$电压输入卡块数 = \frac{电压信号测点个数}{6}（若有小数则进位取整）$$，若冗余配置则块数乘以 2。

12. 热电阻信号输入卡

一般情况下，同一块卡件只能测量同一类信号。配置时遵循以下公式：

$$热电阻输入卡块数 = \frac{热电阻信号测点个数}{4}（若有小数则进位取整）$$，若冗余配置则块数乘以 2。

13. 模拟量输出卡

配置时遵循以下公式：

$$模拟量输出卡块数 = \frac{输出电流信号测点个数}{4}（若有小数则进位取整）$$，若冗余配置则块数乘以 2。

14. 触点型开关量输入卡

对应的测点为开关量输入信号，配置时遵循以下公式：

$$开关量输入卡块数 = \frac{开关量输入信号测点个数}{8}（若有小数则进位取整）$$，若冗余配置则块数乘以 2。

15. 晶体管触点开关量输出卡

对应的测点为开关量输出信号，配置时遵循以下公式：

$$开关量输出卡块数 = \frac{开关量输出信号测点个数}{8}（若有小数则进位取整）$$，若冗余配置则块数乘以 2。

16. 端子板

对于没有用到冗余功能的模拟量卡件端子板的配置：XP520 数目应进位取整（卡件数目除以 2）；对于用到冗余功能的模拟量卡件，XP520R 数目应进位取整（冗余卡件数目除以 2）。

17. 操作站

操作站的硬件以高性能的工业控制计算机为核心，具有超大容量的内部存储器和外部存储器，显示器可以根据用户的需要选择 21″/19″/17″CRT 显示器或 LCD 显示器。操作站通过配置两块冗余 10/100 Mb/s SCnetⅡ网络适配器，实现与系统过程控制网连接，一块网卡实现操作站之间的通讯。操作站可以是一机多屏，可以配置专用操作员键盘、鼠标、轨迹球等专用外部设备。操作站的规模由工艺要求确定。

18. 集线器（HUB）

集线器可根据网络规模的大小选择共享型 HUB 或交换型 HUB（又称交换机，SWITCH）。

19. 报表打印机（可选）

报表打印机的选型无特殊要求，一般支持 Windows 2000 可设置的所有打印机型号。JX-300XP 系统建议采用性能可靠的 EPSON 宽行针式打印机或 HP 宽行激光/喷墨打印机。

20. 操作站软件

300XP 系统使用的软件为 AdvanTrol-Pro 软件。一般情况下，操作员站只安装实时监控软件（XP111），工程师站安装工程师站组态软件（XP135）。

【实施与考核】

1. 实施流程

接受任务 → 咨询相关信息 → 统计测点 → 确定系统 I/O 卡件类型 → 统计卡件和端子板数量 → 确定控制站和操作站的设备 → 填表 → 验收

2. 考核内容

①根据乙酸乙酯工艺设备清单选择合适的 I/O 卡件，对于重要的信号点要考虑是否进行冗余配置，并填写表 2-3。

表 2-3　测点清单

序号	位号	描述	I/O	类型	选择卡件	序号	位号	描述	I/O	类型	选择卡件
1						26					
2						27					
3						28					
4						29					
5						30					
6						31					
7						32					
8						33					
9						34					
10						35					
11						36					
12						37					
13						38					
14						39					
15						40					
16						41					
17						42					
18						43					
19						44					
20						45					
21						46					
22						47					
23						48					
24						49					
25						50					

②根据《测点清单》来统计卡件和端子板数量（适当留有余量），并填写表 2-4。

表 2-4　测点统计

信号类型		点数	卡件型号	卡件数目	配套端子板	端子板数目
模拟量信号	电流信号					
	热电偶信号					
	热电阻信号					
	模拟量输出信号					

表 2-4(续)

信号类型		点数	卡件型号	卡件数目	配套端子板	端子板数目
开关量信号	开关量输入信号					
	开关量输出信号					
总计					XP520	
					XP520R	

③根据 I/O 卡件数量和工艺要求确定控制站和操作站的个数，并填写表 2-5。

表 2-5　DCS 系统的规模

组件	序号	设备名称	型号规格	数量
硬件	1	机柜		
	2	I/O 机笼		
	3	交换机		
	4	AC 配电箱		
	5	电源模块		
	6	主控制卡		
	7	数据转发卡		
	8	电源卡		
	9	电流信号输入卡		
	10	电压信号输入卡		
	11	热电阻信号输入卡		
	12	模拟量输出卡		
	13	开入卡		
	14	开出卡		
	15	不冗余端子板		
	16	冗余端子板		
	17	槽位保护卡(空卡)		

表 2-5(续)

组件	序号	设备名称	型号	数量
硬件	18	操作员键盘		
	19	网卡		
	20	操作站主机		
	21	显示器		
	22	操作台		
	23	打印机台		
软件	1	组态软件(含工程师狗)		
	2	实时监控软件(含操作员狗)		
	3	操作系统		

提示：在数量中填写"冗余"用"＊2"表示。

任务三　系统硬件的安装

【任务描述】

在完成任务二的基础上，设计乙酸乙酯 DCS 系统卡件的排布，正确合理地安装现场控制站。

【必备知识】

1. 卡件排布规范

①将信号点分配到各控制站时应遵循如下原则：

❖同一工段的测点尽量分配到同一控制站；

❖同一控制回路需要使用到的测点必须分配在同一控制站；

❖同一联锁条件需要使用到的测点必须分配在同一控制站；

❖按照标准测点清单进行信号点分配及测点统计；

❖条件允许的情况下，在同一控制站中留有几个空余槽位，为设计更改留余量。

②同一控制站测点分配时应遵循如下原则：

❖模入测点按照测点类型顺序排布。按照"温度(TI)—压力(PI)—流量(FI)—液位(LI)—分析(AI)—其他 AI 信号—AO 信号—DI 信号—DO 信号—其他类型信号"的顺序分配信号点，信号点按字母顺序从小到大排列，不同类型信号之间(如温度、压力等)空余 2~3 个位置，填上空位号；配电与不配电信号不要设置到不隔离的相邻端口上，最好放置在不同卡件上。

❖同一类型卡件尽量放置在同一机笼中。

❖热备用卡件组在同类型卡件的最后。

2. 现场控制站

(1)机柜安装

控制室的布置应根据机柜的尺寸及数量确定，推荐成排之间的净距离为 1.5~2 m，机柜侧面离墙净距离为 1.5~2 m。另外，控制室还需符合规定的环境条件，如温度、湿度及其变化率，空气洁净度，地面的振动，室内的噪声，电磁条件，防静电措施，采光和照明，等等，如图 2-12 所示。

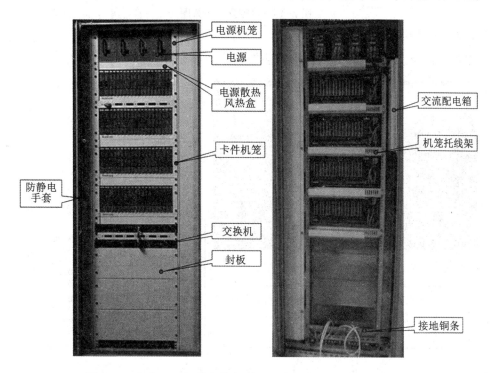

图 2-12　机柜正面部件安装布置图和机柜背面部件安装布置图

注意：机柜内的每个子部件(包括机柜门)电气上均为连通，机柜底部安装有两根接地铜条，机柜正面的接地铜条接系统保护地 PE，背面的接地铜条为系统工作地 E(PE 为壳，E 为电气分开)，以保证机柜使用过程中的可靠性，提高系统的抗干扰能力。

(2)I/O 机笼的安装

I/O 机笼安装布置图如图 2-13 所示。

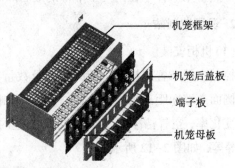

图 2-13 机笼安装布置图

(3)电源与机笼、机笼与机笼的连接

电源与机笼、机笼与机笼的连接示意图如图 2-14 所示。

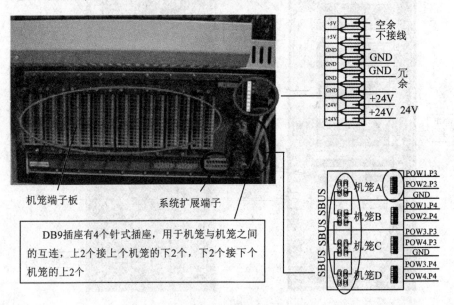

图 2-14 电源与机笼、机笼与机笼的连接示意图

(4)I/O 机笼内卡件的安装

XP211 是 JX-300XP 系统的机笼,提供 20 个卡件插槽。卡件摆放位置如图 2-15 所示。

安装卡件之前,需要对卡件上的拨号开关或跳线进行正确的设置,保证上电以后,卡件通讯正常并处于正确的工作方式。由于卡件中大量地采用了电子集成技术,所以防静电是安装、维护中所必须注意的问题。在插拔卡件时,严禁用手去触摸卡件上的元器件和焊点,安装卡件时必须采取防静电措施(佩戴防静电手环等),如图 2-16 所示。

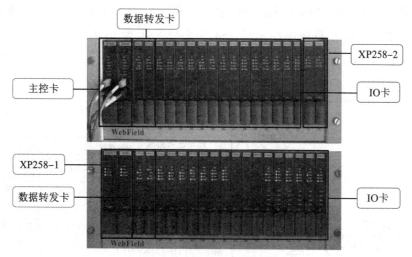

图 2-15　卡件摆放位置图

图 2-16　插拔卡件的正确手势

（5）拨号开关或跳线的设置

①控制卡 XP243X 的网络节点地址设置。通过主控制卡上拨号开关 SW2 的 S8～S4 采用二进制计数方法读数进行地址设置，其中自左至右代表高位到低位，即左侧 S4 为高位，S8 为低位。拨号开关拨到上部表示"ON"，拨到下部表示"OFF"。其中"ON"表示"1"，"OFF"表示"0"，如图 2-17 所示。

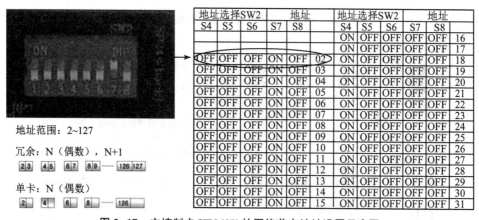

地址范围：2～127

冗余：N（偶数），N+1

2 3　4 5　6 7　8 9 …… 126 127

单卡：N（偶数）

2 □　4 □　6 □　8 □ …… 126 □

地址选择SW2					地址	地址选择SW2					地址
S4	S5	S6	S7	S8		S4	S5	S6	S7	S8	
						ON	OFF	OFF	OFF	OFF	16
						ON	OFF	OFF	OFF	OFF	17
OFF	OFF	OFF	ON	OFF	02	ON	OFF	OFF	OFF	OFF	18
OFF	OFF	OFF	ON	OFF	03	ON	OFF	OFF	OFF	OFF	19
OFF	OFF	OFF	ON	OFF	04	ON	OFF	OFF	OFF	OFF	20
OFF	OFF	OFF	ON	OFF	05	ON	OFF	OFF	OFF	OFF	21
OFF	OFF	OFF	ON	OFF	06	ON	OFF	OFF	OFF	OFF	22
OFF	OFF	OFF	ON	OFF	07	ON	OFF	OFF	OFF	OFF	23
OFF	OFF	OFF	ON	OFF	08	ON	OFF	OFF	OFF	OFF	24
OFF	OFF	OFF	ON	OFF	09	ON	OFF	OFF	OFF	OFF	25
OFF	OFF	OFF	ON	OFF	10	ON	OFF	OFF	OFF	OFF	26
OFF	OFF	OFF	ON	OFF	11	ON	OFF	OFF	OFF	OFF	27
OFF	OFF	OFF	ON	OFF	12	ON	OFF	OFF	OFF	OFF	28
OFF	OFF	OFF	ON	OFF	13	ON	OFF	OFF	OFF	OFF	29
OFF	OFF	OFF	ON	OFF	14	ON	OFF	OFF	OFF	OFF	30
OFF	OFF	OFF	ON	OFF	15	ON	OFF	OFF	OFF	OFF	31

图 2-17　主控制卡 XP243X 的网络节点地址设置示意图

②数据转发卡 XP233 跳线设置。地址设置：SW1 的 S1~S4 采用二进制计数方法读数用于设置卡件在 SBUS 总线中的地址，S4 为高位，S1 为低位。跳线用短路块插上为"ON"，不插上为"OFF"，如图 2-18 所示。

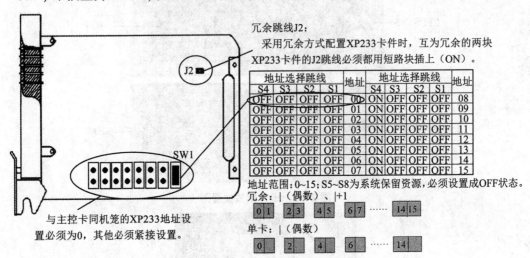

冗余跳线J2：
采用冗余方式配置XP233卡件时，互为冗余的两块XP233卡件的J2跳线必须都用短路块插上（ON）。

地址选择跳线				地址	地址选择跳线				地址
S4	S3	S2	S1		S4	S3	S2	S1	
OFF	OFF	OFF	OFF	00	ON	OFF	OFF	OFF	08
OFF	OFF	OFF	OFF	01	ON	OFF	OFF	OFF	09
OFF	OFF	OFF	OFF	02	ON	OFF	OFF	OFF	10
OFF	OFF	OFF	OFF	03	ON	OFF	OFF	OFF	11
OFF	OFF	OFF	OFF	04	ON	OFF	OFF	OFF	12
OFF	OFF	OFF	OFF	05	ON	OFF	OFF	OFF	13
OFF	OFF	OFF	OFF	06	ON	OFF	OFF	OFF	14
OFF	OFF	OFF	OFF	07	ON	OFF	OFF	OFF	15

地址范围：0~15；S5~S8为系统保留资源，必须设置成OFF状态。

冗余：|（偶数）、|+1

| 0 | 1 | | 2 | 3 | | 4 | 5 | | 6 | 7 | …… | 14 | 15 |

单卡：|（偶数）

| 0 | | 2 | | 4 | | 6 | …… | 14 |

与主控卡同机笼的XP233地址设置必须为0，其他必须紧接设置。

图 2-18　数据转发卡 XP233 跳线设置示意图

③电流信号输入卡 XP313，XP313I 跳线设置和接线端子连接。如图 2-19，图 2-20和图 2-21所示。

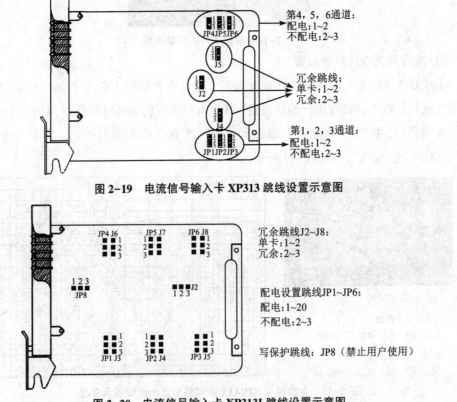

JP4JP5JP6
第4，5，6通道：
配电：1~2
不配电：2~3

J5

J2
冗余跳线：
单卡：1~2
冗余：2~3

J4

JP1JP2JP3
第1，2，3通道：
配电：1~2
不配电：2~3

图 2-19　电流信号输入卡 XP313 跳线设置示意图

JP4 J6　　JP5 J7　　JP6 J8

JP8

J2

JP1 J3　　JP2 J4　　JP3 J5

冗余跳线J2~J8：
单卡：1~2
冗余：2~3

配电设置跳线JP1~JP6：
配电：1~20
不配电：2~3

写保护跳线：JP8（禁止用户使用）

图 2-20　电流信号输入卡 XP313I 跳线设置示意图

端子图		端子号	端子定义		备注
配电	不配电		配电	不配电	
CH1	CH1	1	+	−	第一通道（CH1）
		2	−	+	
CH2	CH2	3	+	−	第二通道（CH2）
		4	−	+	
CH3	CH3	5	+	−	第三通道（CH3）
		6	−	+	
		7	不接线	不接线	
		8	不接线	不接线	
CH4	CH4	9	+	−	第四通道（CH4）
		10	−	+	
CH5	CH5	11	+	−	第五通道（CH5）
		12	−	+	
CH6	CH6	13	+	−	第六通道（CH6）
		14	−	+	
		15	不接线	不接线	
		16	不接线	不接线	

图 2-21　电流信号输入卡接线端子连接示意图

④电压信号输入卡 XP314，XP314I 跳线设置和接线端子连接。如图 2-22 和图 2-23 所示。

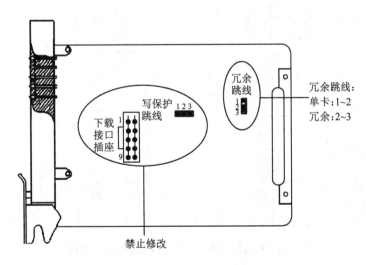

图 2-22　电压信号输入卡 XP314，XP314I 跳线设置示意图

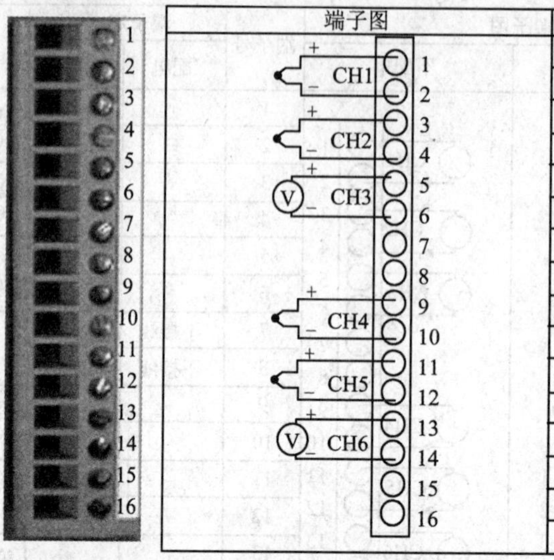

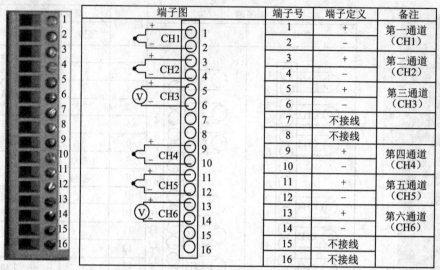

端子号	端子定义	备注
1	+	第一通道（CH1）
2	−	
3	+	第二通道（CH2）
4	−	
5	+	第三通道（CH3）
6	−	
7	不接线	
8	不接线	
9	+	第四通道（CH4）
10	−	
11	+	第五通道（CH5）
12	−	
13	+	第六通道（CH6）
14	−	
15	不接线	
16	不接线	

注：6个通道可接入不同类型的信号，图中只举例第3，6通道为电压信号，其余通道为热电偶信号的情况。

图 2-23　电压信号输入卡接线端子连接示意图

⑤热电阻信号输入卡 XP316，XP316I 跳线设置和接线端子连接。热电阻信号输入卡 XP316，XP316I 冗余跳线设置如同电压信号输入卡跳线设置。如图 2-24 所示。

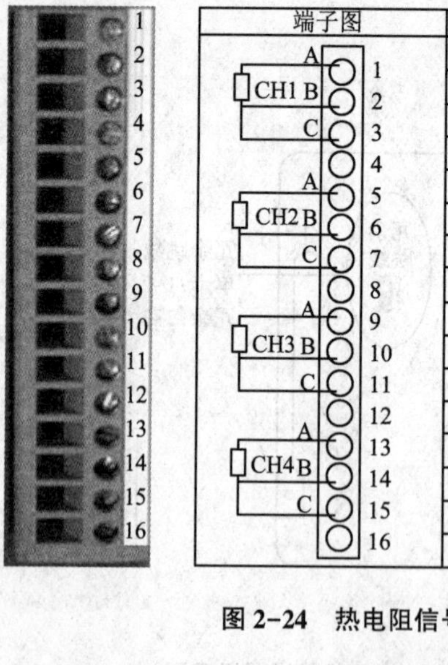

端子号	定义	备注
1	A	第一通道（CH1）
2	B	
3	C	
4	不接线	
5	A	第二通道（CH2）
6	B	
7	C	
8	不接线	
9	A	第三通道（CH3）
10	B	
11	C	
12	不接线	
13	A	第四通道（CH4）
14	B	
15	C	
16	不接线	

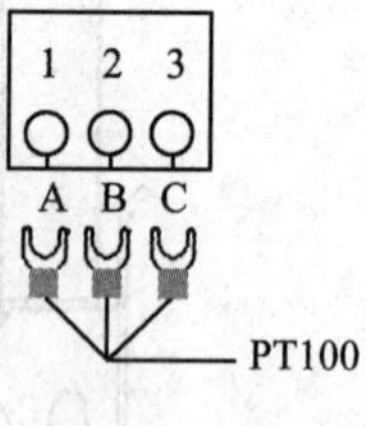

图 2-24　热电阻信号输入卡接线端子连接示意图

⑥模拟信号输出卡 XP322 跳线设置和接线端子连接。如图 2-25 和图 2-26 所示。

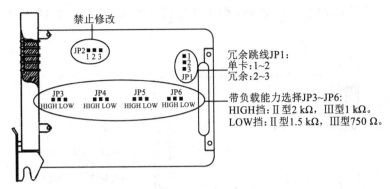

图 2-25 模拟信号输出卡 XP322 跳线设置示意图

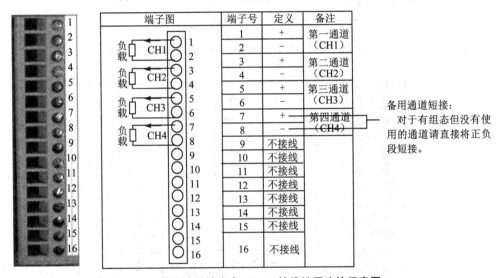

图 2-26 模拟信号输出卡 XP322 接线端子连接示意图

⑦晶体管触点开关量输出卡 XP362 跳线设置和接线端子连接。晶体管触点开关量输出卡 XP362 冗余跳线 JP102 设置如同电压信号输入卡跳线设置。如图 2-27 所示。

端子图	端子号	定义	备注
外配电 负载 CH1	1	+	第一通道 （CH1）
	2	−	
CH2	3	+	第二通道 （CH2）
	4	−	
CH3	5	+	第三通道 （CH3）
	6	−	
CH4	7	+	第四通道 （CH4）
	8	−	
CH5	9	+	第五通道 （CH5）
	10	−	
CH6	11	+	第六通道 （CH6）
	12	−	
CH7	13	+	第七通道 （CH7）
	14	−	
CH8	15	+	第八通道 （CH8）
	16	−	

图 2-27 晶体管触点开关量输出卡 XP362 接线端子连接示意图

⑧触点型开关量输入卡 XP363 跳线设置和接线端子连接。如图 2-28 和图 2-29 所示。

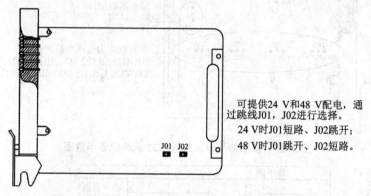

可提供24 V和48 V配电，通过跳线J01，J02进行选择。

24 V时J01短路、J02跳开；

48 V时J01跳开、J02短路。

图 2-28　触点型开关量输入卡 XP363 跳线设置示意图

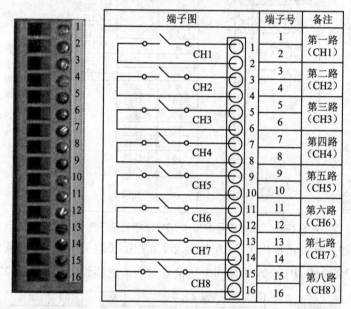

端子图		端子号	备注
CH1	1	1	第一路
	2	2	（CH1）
CH2	3	3	第二路
	4	4	（CH2）
CH3	5	5	第三路
	6	6	（CH3）
CH4	7	7	第四路
	8	8	（CH4）
CH5	9	9	第五路
	10	10	（CH5）
CH6	11	11	第六路
	12	12	（CH6）
CH7	13	13	第七路
	14	14	（CH7）
CH8	15	15	第八路
	16	16	（CH8）

图 2-29　触点型开关量输入卡 XP363 接线端子连接示意图

（6）交换机在标准机柜内的安装

在产品的包装盒内有一对耳朵附件，用于把交换机固定在标准机柜内侧的铁架上，如图 2-30 所示，用螺栓插入铁架的预留孔中，并拧紧螺栓。网络交换机必须可靠接地，即交换机电源线中的地线必须可靠接地（一般与系统接地铜条相连接），否则有可能导致网络严重冲突，甚至可能导致网络通讯中断。

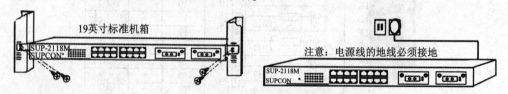

19英寸标准机箱

注意：电源线的地线必须接地

图 2-30　交换机在标准机柜内的安装

【实施与考核】

1. 实施流程

2. 考核内容

控制柜出厂时已将柜内的电源箱、机笼等安装完毕，只需要根据硬件配置表清点实际硬件的数量和配置计划是否一致、有无遗漏。

控制站机柜安装步骤如下。

①根据硬件选型及数目的确定，设计《I/O 卡件布置图》，并填写表2-6。按照事先设计好的卡件布置图把卡件插入相应的卡槽里。

表 2-6　I/O 卡件布置图

1	2	3	4	00	01	02	03	04	05	06	07	08	09	10	11	12	13	14	15

②根据设计进行机笼间的连接和端子排的连接。

③根据设计的《IO 卡件布置图》把卡件插入到相应的卡槽内。

④设置地址。

表 2-7　主控卡拨号开关状态

卡件地址	拨号开关状态（请填写"ON"或"OFF"）							
（××）	S1	S2	S3	S4	S5	S6	S7	S8

注：主控卡的地址是通过卡件背板上的拨号开关 SW2 的 S1~S8 进行设置，其中 S1 是"√高位，×低位"；S8 是"×高位，√低位"。上拨表示 ON，下拨表示 OFF。

表 2-8　数据转发卡拨号开关状态

卡件地址 （××）	拨号开关状态（请填写"ON"或"OFF"）				冗余跳线 J2 状态 （填写"ON"或"OFF"）
	S4	S3	S2	S1	
00	OFF	OFF	OFF	OFF	ON
01	OFF	OFF	OFF	ON	ON

注：数据转发卡的地址是通过地址跳线进行设置的，对于放置了主控制卡的机笼，必须将该机笼的数据转发卡的地址设置成 __00__ 和 __01__ ，其他机笼依次设置。其中 S4 是"$\checkmark$高位，$\times$低位"；S1 是"$\times$高位，$\checkmark$低位"。短接表示冗余，不短接表示不冗余。

⑤设置跳线：根据《测点清单》和《I/O 卡件机笼布置图》设置卡件的跳线，填写表2-9。

若跳线短接 1-2，则在下表中记 $\boxed{1-2}$ -3；短接 2-3，则记为 1- $\boxed{2-3}$ 。卡件地址"××-××-××"表示：卡件所在控制站地址（××）—所在机笼数据转发卡地址（××）—所在机笼槽位地址（××）。表格中选择项，若选中请将"□"改为"■"。

表 2-9　卡件设置

卡件型号	卡件地址 ××-××-××	卡件跳线及状态		选择端子板
×P313	□单卡 □冗余 J2　1-2-3 J4　1-2-3 J5　1-2-3	配电跳线 JP1　1-2-3 JP2　1-2-3 JP3　1-2-3 JP4　1-2-3 JP5　1-2-3 JP6　1-2-3		□ XP520 □ XP520R
XP314	□单卡 □冗余 J2　1-2-3			□ XP520 □ XP520R
XP316	□单卡 □冗余 J2　1-2-3			□ XP520 □ XP520R
XP322	□单卡 □冗余 JP1　1-2-3	负载能力跳线 JP3　1-2-3 JP4　1-2-3 JP5　1-2-3 JP6　1-2-3		□ XP520 □ XP520R □ 其他

表 2-9(续)

卡件型号	卡件地址 ××-××-××	卡件跳线及状态	选择端子板
XP363			☐ XP520 ☐ XP520R
XP362			☐ XP520 ☐ XP520R

⑥根据要求安装交换机。

⑦系统供电与接地。

标注试验柜接地铜条，机柜正面的接地铜条接_____；机柜背面的接地铜条接_____。提示：系统接地铜条分为系统保护地(PE)、系统工作地(E)。

3. 操作站的安装

操作站安装的内容：主机、显示器、键盘、鼠标、打印机就位，操作台、打印机台中内部线缆捆扎；计算机就位前，应对内部插件进行重新安插，防止运输中插件松动，造成上电时计算机损坏。

任务四 系统软件的安装

【任务描述】

要求学生使用 AdvanTrol-Pro 软件在系统盘上安装 JX-300XP DCS 实时监控软件和工程师站组态软件。

【必备知识】

1. 系统软件运行环境配置要求

(1)硬件环境

主机型号：奔腾 IV(1.8 G)以上的工控 PC 机；

主机内存：不小于 2 GB；

显示适配器(显卡)：独立 256 MB 显卡及以上，显示模式可设为 1280×1024(或 1024×768)；

主机硬盘：推荐配置 500 GB 以上硬盘。

(2)软件环境

操作系统：Windows XP Professional 中文版(SP2)，Windows 7 Professional 中文版(32

位），Windows 7 Professional 中文简体（SP1，64 位），Windows 2008 Server Standard 中文版（R2，64 位），Windows 2016 Server Standard 中文版，Windows 10 企业版中文简体 64 位。

2. 注意事项

①当工程组态规模达 1 万点以上、趋势点数大于 5000 点时，请保证该项目的操作站与工程师站配置不低于联想 T400 G9（Intel Pentium Dual E2200 2.2 G 2.19 GHz，内存 1 GB，独立显卡 256 MB，硬盘 160 GB 以上）。

②历史数据服务器的配置需达到联想 T400 G9（Intel Pentium Dual E2200 2.2 G 2.19 GHz，内存 2 GB，独立显卡 256 MB，硬盘 160 GB 以上）。

③安装软件前，请把杀毒软件关闭。

【实施与考核】

1. 实施流程

2. 考核内容

（1）系统软件安装

系统软件安装是将系统安装盘放入工程师站光驱中，Windows 系统自动运行安装程序或点击 AdvanTrol-Pro 软件中 ，则出现如图 2-31 所示的对话框。

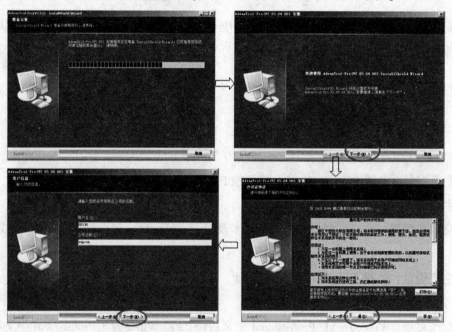

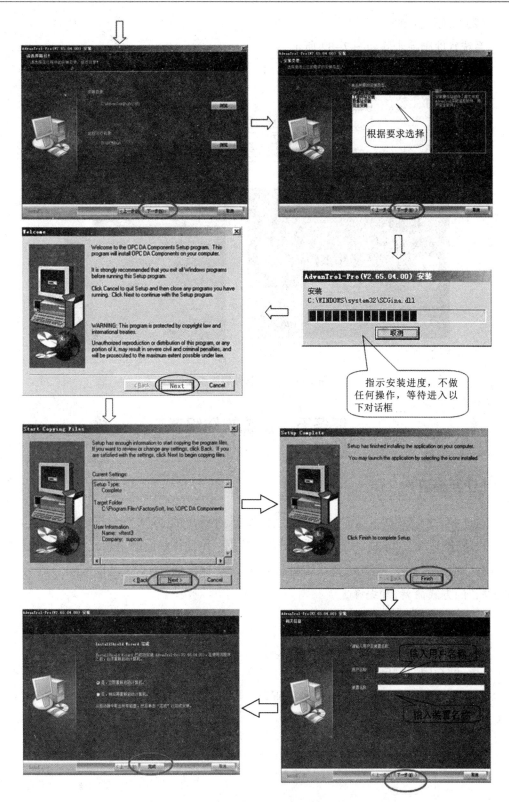

图 2-31 软件安装步骤

（2）系统软件删除

系统软件删除步骤如图 2-32 所示。

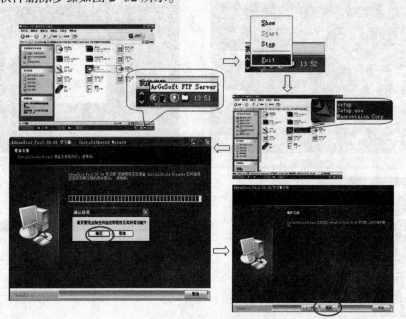

图 2-32 系统软件删除步骤

任务五 系统软件组态

【任务描述】

通过 JX-300XP DCS 组态软件完成主机设置、控制站组态（I/O 组态、常规控制方案组态）、操作站组态（总貌、趋势、控制分组、数据一览操作画面的组态）、自定义键组态和数据分组分区组态，对完成的系统组态进行保存（保存到"D：\"，并以"学号+姓名+乙酸乙酯"的方式命名）和编译。

【设计要求】

1. 乙酸乙酯的测点组态要求

乙酸乙酯的测点组态要求如表 2-1 所列。

2. 常规控制方案

常规控制方案如具体见表 2-10 所列。

表 2-10 常规控制方案

序号	控制方案注释、回路注释		回路位号	控制方案	PV	MV
00	筛板塔塔釜加热控制		TIC401	单回路	TI-401	TV-401
01	萃取剂罐加热控制		TIC408	单回路	TI-408	TV-408
02	填料塔塔釜加热控制		TIC502	单回路	TI-502	TV-502
03	1#冷凝器冷却水控制		FIC101	单回路	FI-101	FV-101
04	2#冷凝器冷却水控制		FIC104	单回路	FI-104	FV-104
05	3#冷凝器冷却水控制		FIC105	单回路	FI-105	FV-105
06	1#回流泵控制		TIC407	单回路	TI-407	MV-402
07	2#回流泵控制		TIC506	单回路	TI-506	MV-502
08	反应釜温度控制	反应釜夹套温度控制	TIC201	串级内环环	TI-201	TV-201
		反应釜内部温度控制	TIC202	串级外环	TI-202	

3. 控制站、操作站及操作小组配置

控制站 IP 地址为 02 且冗余配置。工程师站 IP 地址为 130，操作站 IP 地址为 131，132，133。操作小组配置见表 2-11。

表 2-11 操作小组配置

操作小组名称	切换等级
反应釜工段	操作员
筛板精馏工段	操作员
填料精馏工段	操作员
工程师	工程师

4. 工程师小组监控操作要求

(1)总貌画面

可浏览总貌画面，见表 2-12。

表 2-12 总貌画面

页码	页标题	内容
1	索引画面	工程师小组所有流程图、所有分组画面、所有趋势画面、所有一览画面
2	系统参数汇总	所有相关 I/O 数据实时状态

（2）分组画面

可浏览分组画面，见表 2-13。

表 2-13　分组画面

页码	页标题	内容
1	乙酸乙酯控制回路	TIC201, TIC202, TIC401, TIC408, TIC502, FIC101, FIC104, FIC105
2	开关量开出（一）	M-101, M-201, M-202, M-203, M-301, M-401, M-402, M-501
3	开关量开出（二）	M-502, M-102, M-601, M-602, TZ-202, TZ-401, TZ-408, TZ-502

（3）一览画面

可浏览一览画面，见表 2-14。

表 2-14　一览画面

页码	页标题	内容
1	输入信号一览表	TI-201, TI-202, TI-401, TI-402, TI-403, TI-404, TI-405, TI-406, TI-407, TI-408, TI-409, TI-501, TI-502, TI-503, TI-504, TI-505, TI-506, PI-201, PI-402, PI-403, PI-502, PI-503, LI-402, LI-403, LI-502, LI-503, FI-101, FI-104, FI-105
2	开出量一览表	M-101, M-201, M-202, M-203, M-301, M-401, M-402, M-501, M-502, M-102, M-601, M-602, TZ-202, TZ-401, TZ-408, TZ-502

（4）趋势画面

可浏览趋势画面，见表 2-15。每页趋势跨度时间为 3 天 0 小时 0 分 0 秒，要求显示位号描述、位号名和位号量程。

表 2-15　趋势画面

页码	页标题	内容
1	反应釜温度变化趋势图	TI-201, TI-202
2	筛板塔温度变化趋势图	TI-409, TI-401, TI-402, TI-403, TI-404, TI-405, TI-406, TI-407
3	填料塔温度变化趋势图	TI-501, TI-502, TI-503, TI-504, TI-505, TI-506

（5）自定义键

①键号 1：数据一览键。

②键号 2：翻到趋势画面第 3 页。

③键号 3：将 1#冷凝液器冷却水流量控制阀位调到 40%。

（6）区域设置

数据分组分区，见表 2-16。

表 2-16 区域设置

数据分组	数据分区	位号
工程师数据	温度	TI-201，TI-202，TI-401，TI-402，TI-403，TI-404，TI-405，TI-406，TI-407，TI-408，TI-409，TI-501，TI-502，TI-503，TI-504，TI-505，TI-506
	压力	PI-201，PI-402，PI-403，PI-502，PI-503
	流量	FI-101，FI-104，FI-105
	液位	LI-402，LI-403，LI-502，LI-503
	开关量	M-101，M-201，M-202，M-203，M-301，M-401，M-402，M-501，M-502，M-102，M-601，M-602，TZ-202，TZ-401，TZ-408，TZ-502
反应釜工段		
筛板精馏工段		
填料精馏工段		

【必备知识】

1. 系统组态的概念

系统组态是通过 SCKey 软件来完成的，指在工程师站上为控制系统设定各项软硬件参数的过程。系统组态界面如图 2-33 所示。

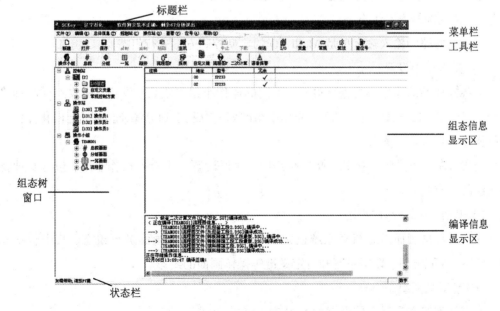

图 2-33 系统组态界面

2. 系统组态的基本功能和设置规范

（1）系统总体组态

系统总体组态是确定系统的控制站与操作站。组态中进行的设置必须和实际的硬件配置保持一致。正确进行主机设置是组态顺利进行下去的基础。

设置规范：

①主控卡注释规范：SC 机柜编号；

②工程师站（engineer station）：计算机名为"ES" + IP 地址；

③操作员站（operator station）：计算机名为"OS" + IP 地址。

（2）控制站 I/O 组态

根据《I/O 卡件布置图》及《测点清单》的设计要求完成 I/O 卡件及 I/O 点的组态。

①数据转发卡注释规范：SC 机柜编号-机笼编号；

②位号命名规范：不能为空，不能含有汉字和特殊字符；由字母、"_"和数字组合；以字母+"_"开头；长度不超过 10 个字符；位号不能重复。

组态时要注意所有卡件的备用通道必须组上空位号，空位号的命名原则如下：

①模拟量输入点位号名：AI＊＊＊＊＊＊＊＊，描述：备用；

②模拟量输出点位号名：AO＊＊＊＊＊＊＊＊，描述：备用；

③数字量输入点位号名：DI＊＊＊＊＊＊＊＊，描述：备用；

④数字量输出点位号名：DO＊＊＊＊＊＊＊＊，描述：备用；

⑤"＊＊＊＊＊＊＊＊"中第 1，2 位为主控卡地址；第 3，4 位为数据转发卡地址；第 5，6 位为卡件地址；第 7，8 位为通道地址；地址为整数。

（3）常规控制方案组态

对控制回路的输入输出只是 AI 和 AO 的典型控制方案进行组态。

（4）操作小组设置

对各操作站的操作小组进行设置，不同的操作小组可观察、设置、修改不同的标准画面、流程图、报表、自定义键等。操作小组的划分有利于划分操作员职责，简化操作人员的操作，突出监控重点。

设置规范：当需要建立多个操作小组时，建议设置一个总的操作小组，包含其他操作小组的所有内容。

（5）操作站标准画面组态

操作站标准画面组态指对系统已定义格式的标准操作画面进行组态，其中包括总貌、趋势、控制分组、数据一览和自定义键等操作画面的组态。

（6）自定义键组态

自定义键组态是对操作员键盘上的 24 个空白键进行定义。

组态时要注意，该定义只对指定的小组在实时监控软件运行时生效，以其他操作小组启动监控软件时，该定义无效。自定义键的语句类型包括按键(KEY)、翻页(PAGE)、位号赋值(TAG)3 种，格式如下：

①KEY 语句格式：(键名)；

②PAGE 语句格式：(PAGE)(页面类型代码)[页码]；

③TAG 语句格式：({位号}[.成员变量])(=)(数值)。

(7)数据组(区)设置

完成数据组(区)的建立工作，对 I/O 组态时，位号要进行分组分区。

(8)系统组态保存与编译

①快速编译：编译除了未进行修改的流程图外的所有组态信息；

②全体编译：编译所有组态的信息；

③制站编译：编译选中控制站的信息。

注：只有在编译结果正确的情况下，才能进行数据备份、数据传送和数据下载。

3. 系统组态的基本过程

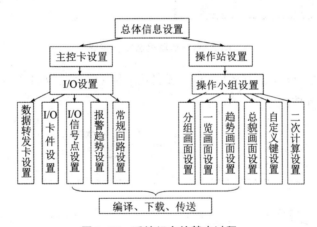

图 2-34　系统组态的基本过程

【实施与考核】

1. 实施流程

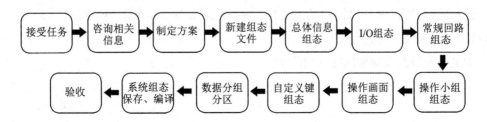

2. 考核内容

（1）新建一个组态文件

在桌面上点击图标""，设置步骤如图 2-35 所示。

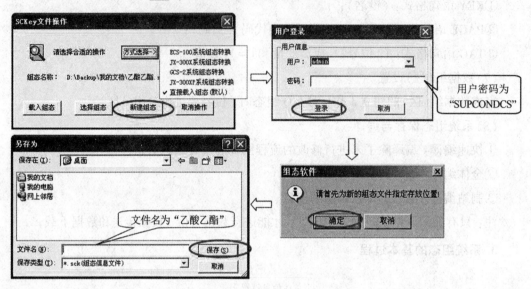

图 2-35 新建组态文件步骤

组态文件生成" ＊＊＊.sck "和" ＊＊＊ "文件夹，缺一不可，文件夹内包含着一些小的文件夹，如图 2-36 所示。

图 2-36 组态生成文件

（2）总体信息组态

进入标题名为"学号+姓名+乙酸乙酯"的系统组态界面，点击命令按钮""，就可以设置主控卡和操作站。

①主控卡组态步骤如图 2-37 所示。

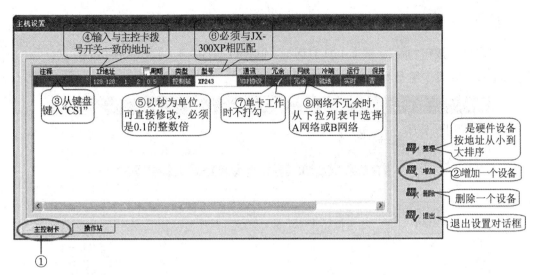

图 2-37　主控卡组态步骤

②操作站组态步骤如图 2-38 所示。

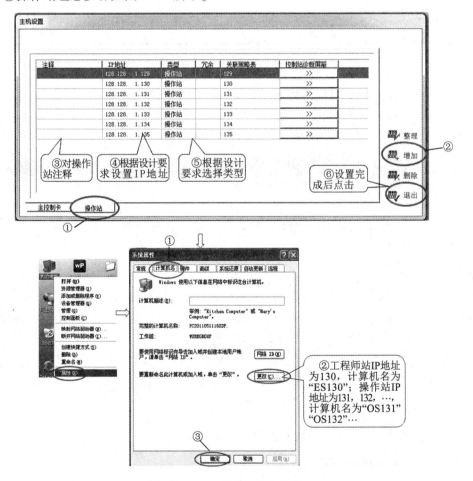

图 2-38　操作站组态步骤

（3）I/O 组态

点击命令按钮""，进入 I/O 对话框，设置数据转发卡、I/O 卡件和 I/O 点。

①数据转发卡组态步骤如图 2-39 所示。

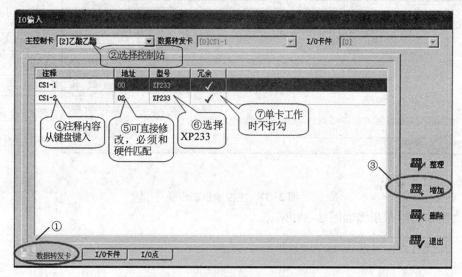

图 2-39 数据转发卡组态步骤

②I/O 卡件组态步骤如图 2-40 所示。

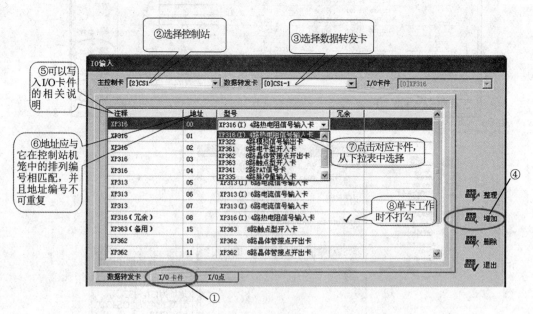

图 2-40 I/O 卡件组态步骤

③I/O 点组态步骤如图 2-41 所示。

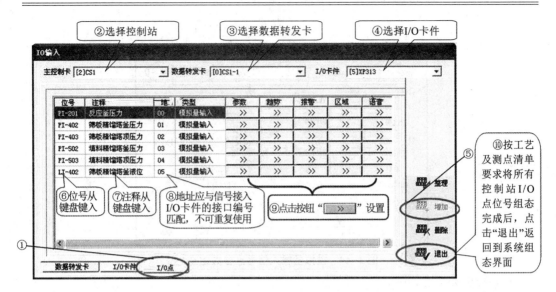

图 2-41 I/O 点组态步骤

❖信号点参数组态。开入/出信号点参数组态如图 2-42 所示，模出信号点参数组态如图 2-43 所示，模拟量输入信号点参数组态如图 2-44 所示。

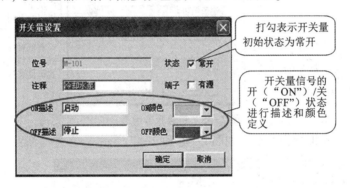

图 2-42 开入/出信号点参数组态

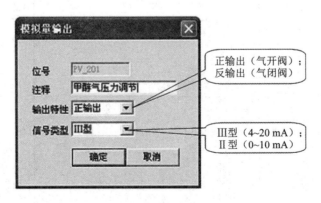

图 2-43 模出信号点参数组态

根据测点清单填写

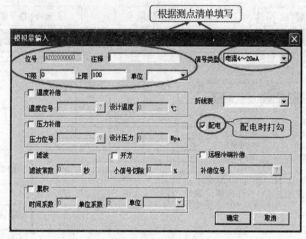

图 2-44 模拟量输入信号点参数组态

❖趋势服务组态如图 2-45 所示。

影响硬盘占用空间；没有趋势记录无法在趋势画面中显示趋势；AO位号趋势记录在对应回路/手操器中实现

选中则记录该信号点历史数据

从下拉列表中选择记录周期

有低精度压缩方式和高精度压缩方式可供选择

选中则将统计该位号的数据个数、平均值、方差、最大值、最大值首次出现的时间、最小值、最小值首次出现的时间

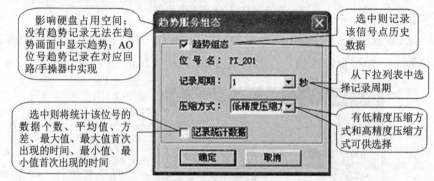

图 2-45 趋势服务组态

❖报警组态。模拟量报警组态如图 2-46 和 2-47 所示。

选择以百分数还是工程实际值设置报警值

选中此项后才能设置高高限、高限、低限、低低限报警及死区

实时值>跟踪值（或跟踪位号值）+高偏，产生报警；实时值<跟踪值（或跟踪位号值）-低偏，产生报警

变化率报警指每秒变化值大于所设置的报警值，则产生报警

选中此项表示位号所产生的报警会写入报警历史文件

优先级：0~9；0级最高，9级最低

延时用于滤除受干扰信号的报警；若Δt大于延时时间，则报警；若Δt不大于延时时间，则不报警

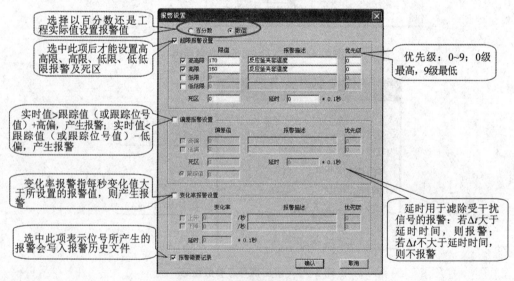

图 2-46 模拟量报警组态(1)

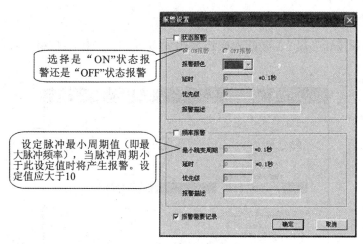

图 2-47 模拟量报警组态(2)

❖ 最后点击"退出"按钮,至此,I/O 组态全部完成。

(4)控制站常规控制方案组态

点击按钮"常规",进入常规回路组态界面,组态步骤如图 2-48 所示。

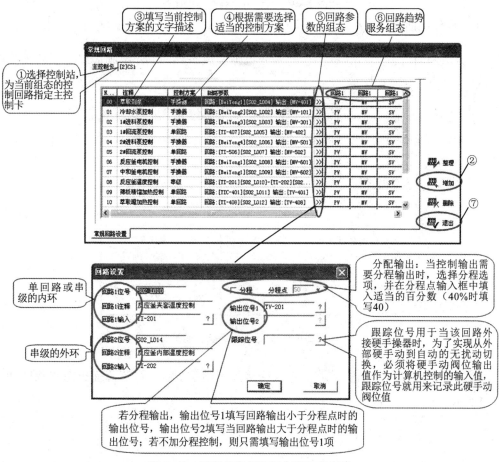

图 2-48 控制站常规控制方案组态步骤

（5）操作小组组态

点击命令按钮"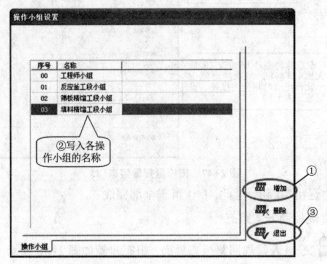"，再进入操作小组设置界面，操作小组组态步骤图如图 2-49 所示。

图 2-49　操作小组组态步骤图

（6）操作画面组态

①分组画面组态。点击"分组"，进入分组画面组态界面，分组画面组态步骤图如图 2-50所示。

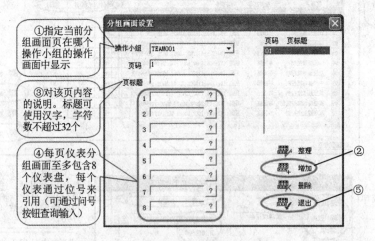

图 2-50　分组画面组态步骤图

②一览画面组态。点击"一览"，进入一览画面组态界面，一览画面组态步骤图如图 2-51所示。

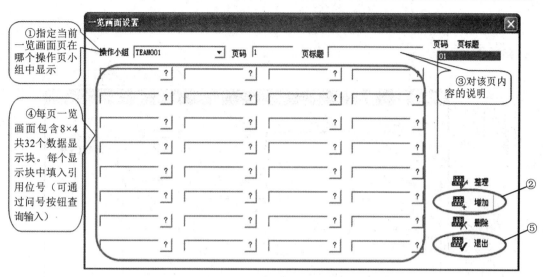

图 2-51 一览画面组态步骤图

③趋势组态。点击"趋势"，进入趋势组态界面，趋势组态步骤图如图 2-52 所示。

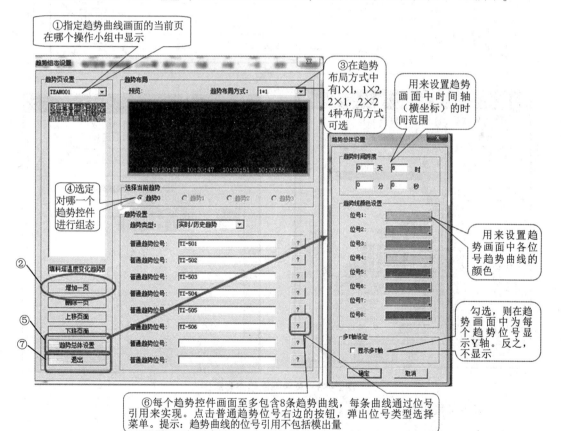

注：在趋势画面中显示的点必须在组态中进行趋势组态服务。

图 2-52 趋势组态步骤图

④总貌画面组态。点击"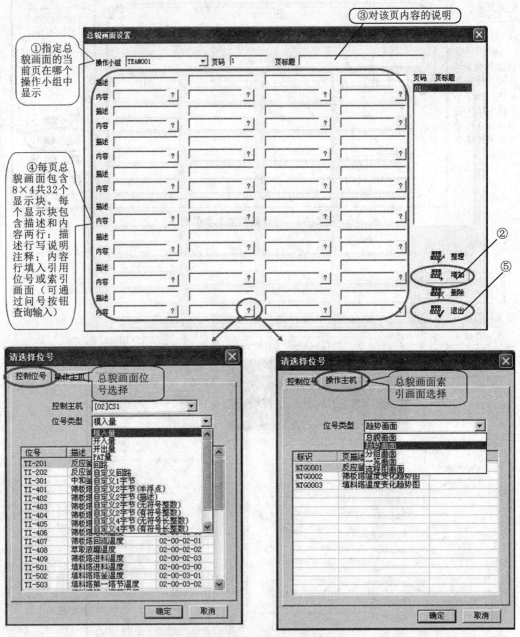总貌"，进入总貌画面组态界面，总貌画面组态步骤图如图 2-53所示。

图 2-53　总貌画面组态步骤图

(7) 自定义键组态

点击图标"　自定义键"，进入自定义键组态界面，自定义键组态步骤图如图 2-54 所示。

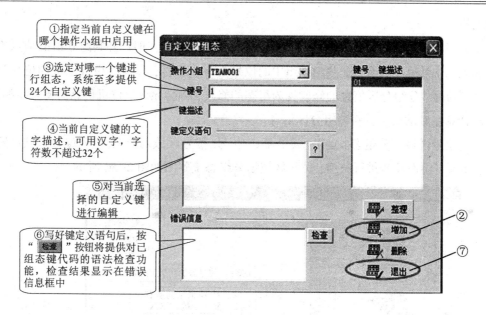

图 2-54 自定义键组态步骤图

(8)区域设置组态

①点击图标" ![区域设置] ",进入区域设置组态界面,数据分组分配区组态步骤图如图 2-55 所示。

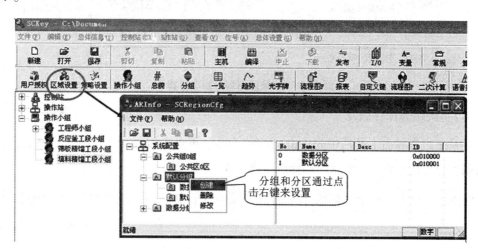

图 2-55 数据分组分区组态步骤图

区域设置是对系统进行区域划分,一般将其划分为组和区,具体包括创建、删除分组分区及修改分组描述与分区名称缩写。其中,0 组及各组的 0 区不能被删除,删除数据组的同时将删除其下属的数据分区。

数据分区包含一部分相关数据的共有特性;报警,可操可见,数据组主要将数据分流过滤,使操作站只关心相关数据,减少负荷。同时,数据组的划分可实现服务器—客户端的模式。

区域设置中添加完分组分区信息后，在二次计算中读入时，公共组 0 组的信息不会被读入二次计算中，因为公共组 0 组中的位号为 I/O 位号，其他分组分区中的位号为二次计算位号。分组分区信息的修改视为组态的修改，将会导致上位机信息需要重新编译。二次计算在启动时会更新分组分区信息。

②位号区域划分组态。点击"菜单命令/位号/位号区域划分"，进入位号区域设置界面，将所有组态位号进行分组，位号区域划分组态步骤图如图 2-56 所示。

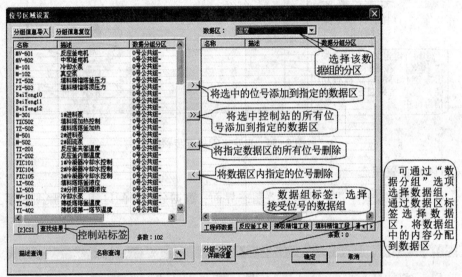

注：单个位号与数据区唯一对应。

图 2-56　位号区域划分组态步骤图

(9) 系统组态保存编译

在系统组态界面工具栏中先点击"保存"命令，再点击编译命令"编译"，若信息显示区内提示有编译错误，则根据提示修改组态错误，重新编译。

注意：如果需要提前结束编译时，点击"中止"进行中止。中止功能只在编译的过程中有效。

任务六　流程图的制作

【任务描述】

要求学生分别在工程师操作小组和反应釜工段操作小组中使用 AdvanTrol-Pro 软件绘制乙酸乙酯反应釜工段流程图，如图 2-57 所示。

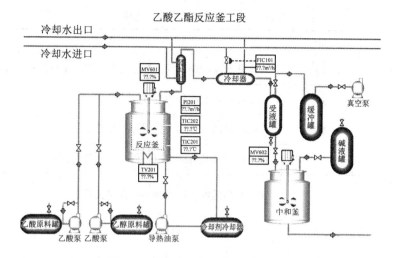

图 2-57　乙酸乙酯反应釜工段流程图

【必备知识】

1. 流程图制作简介

流程图制作界面是绘制控制系统中最重要的监控操作界面，用于显示生产产品的工艺及被控设备对象的工作状况，并操作相关数据量。流程图制作界面如图 2-58 所示。

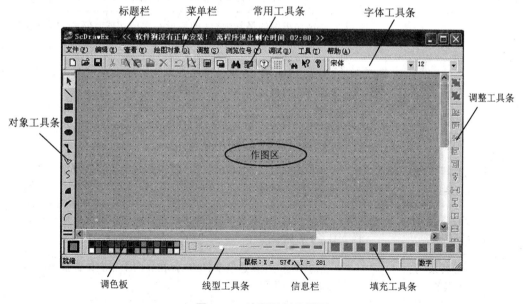

图 2-58　流程图制作界面

2. 流程图菜单命令一览表

流程图菜单命令一览表见表 2-17。

表 2-17　流程图菜单命令一览表

菜单项		图标	功能说明
文件	新建		建立新的流程图文件，并直接进入新的流程图制作界面
	打开		打开已存在的流程图文件
	保存		将已完成的流程图文件保存在硬盘上
	另存为		将修订后的文件内容以另外一个文件名保存
	保存到模块仓库		用于将当前的流程图画面存为精灵模板
	退出		退出流程图制作软件
编辑	撤销		支持用户在编辑流程图时通过撤销（九次）来恢复前面的操作
	重复		支持用户在编辑流程图时通过重复（九次）来取消前面的撤销操作
	剪切		将作图区中用户指定区域的内容复制到剪切板内，同时删除该区域里的内容
	复制		将作图区中用户指定区域的内容复制到剪切板内。与编辑/剪切不同之处在于执行此命令后，被复制图形不会被删除
	粘贴		将剪切板中的最新内容（即最近一次剪切或复制的内容）复制到指定作图区中
	复制并粘贴		复制并粘贴流程图中的选取内容。该功能与连续使用复制和粘贴命令的效果相同
	全选		选取流程图作图区中的全部内容
	删除		删除流程图中选取的内容
查看	工具条/常用工具条		选中该选项（该选项前打钩）就在界面中相应位置显示常用工具条，否则隐藏
	工具条/对象工具条		选中该选项（该选项前打钩）就在界面中相应位置显示对象工具条，否则隐藏
	工具条/字体工具条		选中该选项（该选项前打钩）就在界面中相应位置显示字体工具条，否则隐藏
	工具条/填充工具条		选中该选项（该选项前打钩）就在界面中相应位置显示填充工具条，否则隐藏

表 2-17（续）

菜单项		图标	功能说明
查看	工具条/线型工具条		选中该选项(该选项前打钩)就在界面中相应位置显示线型工具条,否则隐藏
	工具条/调整工具条		选中该选项(该选项前打钩)就在界面中相应位置显示调整工具条,否则隐藏
	调色板		选中该选项(该选项前打钩)就在界面中相应位置显示调色板,否则隐藏
	状态条		选中该选项(该选项前打钩)就在界面中相应位置显示状态条,否则隐藏
绘图对象	选择	➤	选取图形
	直线	＼	绘制直线
	直角矩形	▬	绘制直角矩形（封闭曲线）
	圆角矩形	▬	绘制圆角矩形（封闭曲线）
	椭圆	●	绘制圆及椭圆（封闭曲线）
	多边形	＼	绘制多边形（封闭曲线）
	折线	▽	绘制折线
	曲线	S	绘制曲线
	扇形	◢	绘制扇形（封闭曲线）
	弦形	◢	绘制弦形（封闭曲线）
	弧形	⌒	绘制弧线
	管道	＝	绘制立体管道
	文字	A	在流程图中键入文本内容
	时间对象	◉	在流程图中插入一个时间显示框显示系统时间
	日期对象	🔲	在流程图中插入一个日期显示框显示系统日期
	动态数据	0.0	在流程图中设置动态数据显示框
	开关量	◎	在流程图中设置动态开关
	命令按钮	□	在流程图中设置命令按钮
	位图对象	▓	在流程图中插入位图对象

表 2-17(续)

菜单项		图标	功能说明
绘图对象	GIF 对象		在流程图中插入 GIF 动画图片
	Flash 对象		在流程图中插入 Flash 动画图片
	报警记录控件		在流程图中插入报警记录控件
	趋势控件		在流程图中插入趋势控件
	模板库管理器		弹出模板库管理器
	精灵管理器		弹出精灵管理器
调整	组合		将两个或多个选中的图形对象组合成一个整体,作为构成流程图的基本元素
	分解		将多个基本图形合成的复杂图形分解为原来的多个基本图形
	顶层显示		将当前选取对象显示在最上层
	底层显示		将当前选取对象显示在最底层
	提前		将当前选取对象提前一层显示
	置后		将当前选取对象置后一层显示
	左旋		将图形对象逆时针旋转 90°
	右旋		将图形对象顺时针旋转 90°
	水平翻转		将图形以选中框的垂直中线为轴线进行翻转,但所在位置不变
	垂直翻转		将图形以选中框的水平中线为轴线进行翻转,但所在位置不变
	自由旋转		可以将图形对象旋转任意角度
	自定义旋转		将图形对象旋转一指定角度
	渐变设置		对图形对象进行过渡色填充设置
	编辑端点		改变图形对象的形状
	自定义圆心角		用于设置图形对象的起始、终止角度或圆心角
	动态特性		用于设置图形的动态属性,即将图形与动态位号相连接,使图形随着位号的数值变化进行相应的动态变化
浏览位号	组态位号		查看控制站上的各 I/O 数据位号和二次计算变量位号
	浏览/替换位号)		浏览本流程图中所选取的位号,并在对话框中完成位号的替换
	精灵替换		对当前流程图中的精灵模块进行替换

表 2-17(续)

菜单项		图标	功能说明
调试	位号检查		检查流程图中已引入的位号有无错误
	仿真运行		流程图软件提供_VAL0，_VAL1，…，_VAL31 共 32 个虚拟位号。在流程图与控制站无连接的情况下，用户通过引用这些虚拟位号，可查看动态设置的效果
工具	画面属性		用于设置流程图画面属性，包括：窗口属性、背景图片、格线设置、提示设置、运行和仿真等 5 项
	统计信息		显示流程图绘制的统计信息，包括作图区中所有静态图形对象和其他控件等的个数
	模板窗口		进入模板库管理器对话窗口
	格线显示		显示或隐藏流程图绘制桌面背景格线
	画面刷新		刷新画面
	包含选中		选中框将对象全包含，才能选中
	相交选中		选中框与对象有接触，就能选中
帮助	帮助主题		列出帮助主题
	关于 ScDrawEx(A)		显示软件信息、版本、版权

3. 一般指导原则

①绘图顺序：先是主设备，后是管道，再是动态数据，最后整体处理画面。

②从设计院提供的带工艺控制点的流程图到 DCS 监控画面流程图的转换。

③不通过 AdvanTrol-Pro 系统监控的设备，诸如就地仪表、分配台、释放阀、冗余管线、手阀等，将不显示在画面上，除非有特殊要求；当它们显示出来时，用灰色显示，指明不受系统控制。

④仪表管线不显示，除非工艺上有特殊要求。

⑤工艺物流通常从左到右、从上到下。

⑥流向用箭头标在工艺管线上，箭头颜色与管线颜色一致。

⑦流程图画面布局和设备尺寸以用户提供的信息为基准。

⑧工艺管线水平或者垂直显示，避免使用斜线；在任一交叉点，垂直管线显示为断开，水平管线保持连续。

⑨如果从工艺需要，设备号、贮槽标识号应该显示出来；提供一个按钮用以展开/关

闭这些标签，以减少画面上的条目数。

⑩标识设备的标签位置风格应该一致，尽量避免垂直放置标签。

⑪每一幅画面应在标题条上提供一个标题。

4. 流程图制作的步骤

（1）创建流程图文件

文件应保存在系统组态文件夹下的 Flow 子文件夹中，并将流程图与系统组态关联。

（2）设置画面基本属性

窗口尺寸。根据显示器分辨率设置，因为这个大小的流程图在监控画面中浏览时，正好是满屏，不需移动屏幕滚动条来进行查看。

背景色。考虑到操作员的工作需要，背景色不宜设置得很花哨，灰色和黑色是比较常见的选择。

格线。在画面上设置格线，可以方便用户在绘制图形时进行对准等操作。

（3）绘制静态图形

静态对象工具：选取、直线、直角矩形、圆角矩形、椭圆、多边形、折线、曲线、扇形、弦状图、弧形、管道、文字和模板窗口。对静态对象的操作可以立即在当前作图区看到效果。

（4）添加动态图形

动态对象工具：时间对象、日期对象、动态数据、开关量、命令按钮、GIF 对象、Flash 动画对象、报警记录和历史趋势。引用动态对象时，必须进入仿真运行界面或在监控软件中查看其运行情况。

（5）画面优化

绘制完后，调整画面元素位置及颜色等，使画面清晰美观。

（6）系统联编

在系统组态界面中进行系统编译，以便于运行实时监控软件时保证流程图运行正常。

【实施与考核】

1. 实施流程

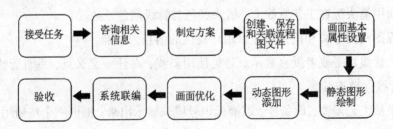

2. 考核内容

(1)创建流程图文件

点击图标""，进入操作站流程图设置界面进行创建。流程图文件创建步骤图如图2-59所示。

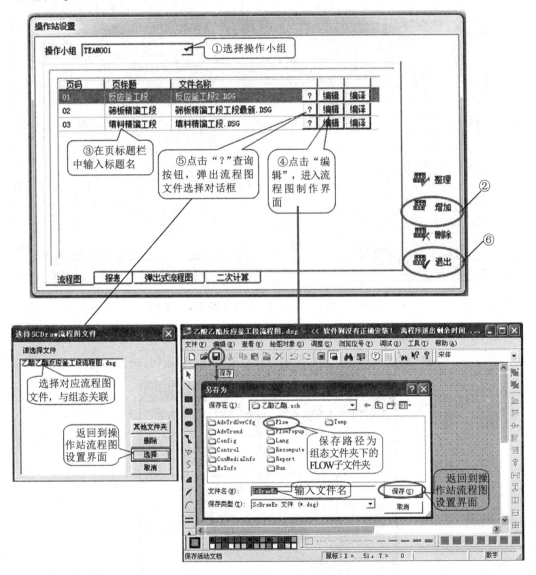

图 2-59　流程图文件创建步骤图

(2)设置画面基本属性(如大小、背景、格线等)

①窗口尺寸和流程图背景色设置。点击"工具/画面属性"菜单项，进入画面属性设置界面，窗口尺寸和流程图背景色设置步骤图如图2-60所示。

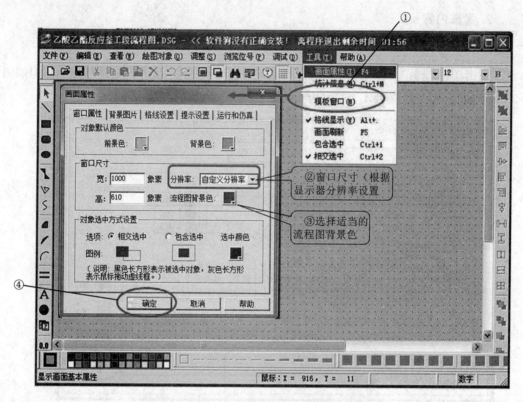

图 2-60　窗口尺寸和流程图背景色设置步骤图

②格线组态。点击"工具/画面属性"菜单项，进入画面属性设置界面，格线设置步骤图如图 2-61 所示。格线设置完成后，可通过工具栏中"▦"按钮进行格线显示和隐藏。

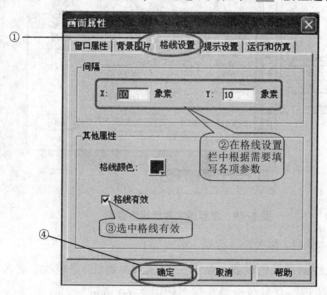

图 2-61　格线设置步骤图

（3）绘制静态图形

①确定主体设备的位置，并添加到流程图画面中。

❖用椭圆绘制工具和矩形绘制工具绘制乙酸原料罐、乙醇原料罐、冷却剂冷却器、冷凝柱、冷凝器、受液罐、缓冲罐和碱液罐的形状，罐的形状绘制步骤图如图 2-62 所示。

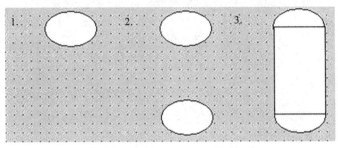

图 2-62 罐的形状绘制步骤图

❖用模板窗口导出泵 4、搅拌器 1 和锅炉 12，通过分解、改变大小、组合、对齐等方式来绘制反应釜与中和釜，釜的绘制步骤图如图 2-63 所示。

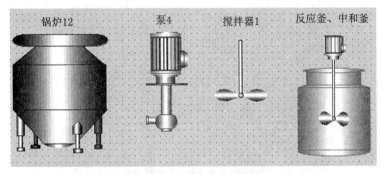

图 2-63 釜的绘制步骤图

❖将绘制好的图形移动到画面合适的位置上，主体设备绘制步骤图如图 2-64 所示。

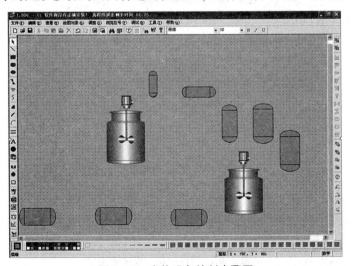

图 2-64 主体设备绘制步骤图

②添加管线，如图 2-65 所示。

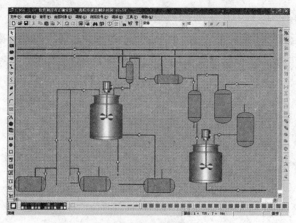

图 2-65　添加管线

③添加相关的仪表、设备，如图 2-66 所示。

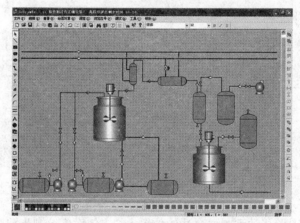

图 2-66　添加相关的仪表、设备

④填写设备、管线标注，如图 2-67 所示。

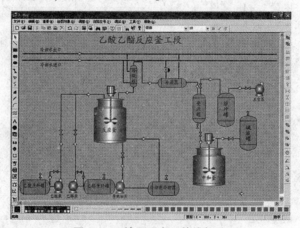

图 2-67　填写设备、管线标注

（4）绘制动态图形

添加动态的数据：点击" **0.0** "按钮，在流程图上合适的位置添加动态数据，添加动态的数据步骤图如图 2-68 所示。

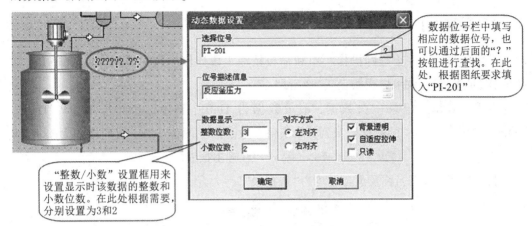

图 2-68　添加动态的数据步骤图

按照同样的方法，对其他动态数据进行添加。为了查阅方便，将相应的位号名以文本的形式添加到动态数据旁边。添加动态的数据效果图如图 2-69 所示。

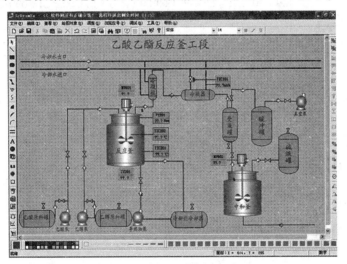

图 2-69　添加动态的数据效果图

（5）画面优化

绘制完后，调整画面元素位置及颜色等，使画面清晰美观。

（6）系统联编

绘制完成后，先点击保存图标" 🖫 "将整个组态文件进行保存，然后进行全体编译，如果编译正确，至此，流程图的制作就算完成了。在 AdvanTrol 监控软件中运行整个 SCKey 组态，可以观察流程图的运行情况。如有需要，重复上面的步骤继续添加流程画面。

任务七　报表的制作

【任务描述】

要求学生分别在工程师操作小组和筛板精馏工段操作小组中使用 AdvanTrol-Pro 软件制作《班报表》，效果样式如表 2-18 所列。

要求：每整点记录一次数据，记录数据为 TI401，TI402，TI403，TI404，TI405，TI406，TI407，报表中的数据记录到其真实值小数点后面两位小数，时间格式为××：××：××(时：分：秒)，每天 8：00，16：00，0：00 输出报表。

报表样板：报表名称及页标题均为"班报表"。

表 2-18　班报表

班报表									
班组		组长	记录员				年	月	日
时间		9：00	10：00	11：00	12：00	13：00	14：00	15：00	16：00
内容	描述	数据							
TI401	####	…	…	…	…	…	…	…	…
TI402	####	…	…	…	…	…	…	…	…
…	####	…	…	…	…	…	…	…	…
TI407	####	…	…	…	…	…	…	…	…

【必备知识】

1. 报表制作

报表用来记录重要的系统数据和现场数据，以供工程技术人员进行系统状态检查或工艺分析。

报表制作软件从功能上分为制表和报表数据组态两部分，制表主要是将需要记录的数据以表格的形式制作；报表数据组态主要是根据需求对事件定义、时间引用、位号引用和报表输出做相应的设置。报表组态完成后，报表可由计算机自动生成。报表制作界面如图 2-70 所示。

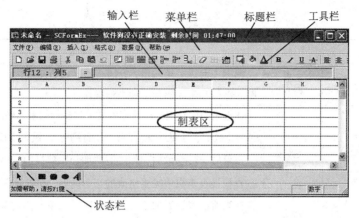

图 2-70 报表制作界面总貌

2. 报表菜单命令一览表

报表菜单命令一览表见表 2-19。

表 2-19 报表菜单命令一览表

菜单项		图标	功能说明
文件	新建	□	创建一个新的报表文件，进入报表编辑环境
	打开	☞	打开以往建立、保存的报表文件
	保存	🖫	将正在编辑的报表文件保存在硬盘上
	另存为		将重新编辑后的文件内容以新的名称保存
	页面设置		对报表文件的页面格式进行一定的设置
	打印预览		在正式打印之前，预先观察实际打印的效果
	打印	🖨	打印所建立并已保存的报表文件
	退出		结束报表的编辑，退出报表编辑环境
编辑	撤销	↺	取消上一次（只能执行一次）的操作，恢复为之前编辑的状态
	剪切	✂	将报表编辑区中用户指定区域的内容复制到剪贴板内，同时删除该区域里的内容
	复制	🖹	将报表编辑区中选定区域的内容复制到剪贴板内
	粘贴	🖹	将剪贴板中的最新内容复制到指定编辑区内
	合并单元格	▦	将连续的部分基础单元格合并成为一个组合单元格
	取消合并	▦	将选定的组合单元格拆分为基础单元格
	清除		包括清除全部 ▤、清除内容 🖉 和清除格式 ▦ 三项，用于清除所选定区域内单元格的内容、格式或者全部（不取消合并）

表 2-19(续)

菜单项		图标	功能说明
	删除		删除当前选定单元格,包括右侧单元格左移、下方单元格上移、删除整行和删除整列 4 种类型操作
	填充		在报表中向选定的单行多列或单列多行的单元格添加单位(包括位号、数值、时间对象、工作日、日期等),设置步长值、起始值等
	追加行列		在最后一行或最后一列之后增加一定数目(1~99)的行或列
	替换		查找报表表格中需要更改的文本内容,并以新文本将之替换
插入	单元格		在当前位置处添加单元格,包括活动单元格右移、活动单元格下移、插入整行、插入整列等 4 种类型的操作
	图形元素		显示或隐藏图形工具图标
	输入栏		显示或隐藏输入栏
格式	单元格		对选中的所有单元格进行格式设置
	字体格式		设置单元格内文本内容的格式,包括字体、加黑、斜体、下划线、删除线 5 项
	前景色		设置单元格内部文本的颜色
	背景色		设置选定单元格的内部填充颜色
	对齐方式		设置单元格内部文本的对齐方式,包括靠左、水平居中、靠右、居上、垂直居中、居下 5 项
	设置选中行列		对选中单元格所在的行列进行行高与列宽的设置
	设置缺省行列		对整个报表的默认行高与列宽进行设置
数据	事件定义		设置数据记录、报表产生的条件,系统一旦发现事件信息被满足,即记录数据或触发产生报表。事件定义中可以组态多达 64 个事件,每个事件都有确定的编号,事件的编号从 1 到 64,依次记为 Event[1],Event[2],Event[3],…,Event[64]等
	时间引用		设置一定事件发生时的时间信息。时间量记录了某事件发生的时刻,在进行各种相关位号状态、数值等记录时,时间量是重要的辅助信息。最多可对 64 个时间量进行组态
	位号引用		对已在事件组态中组好的事件量有关的位号进行组态,以便能在事件发生时记录各个位号的状态和数值
	报表输出		定义报表输出的周期、精度及记录方式和输出条件等

表 2-19（续）

菜单项		图标	功能说明
帮助	帮助主题		提供 SCFormEx 报表制作软件的在线帮助
	关于 SCFormEx	❓	提供 SCFormEx 报表制作软件的版本及版权信息

3. 报表数据组态

报表数据组态主要通过报表制作界面的"数据"菜单完成。通过对报表事件的组态，将报表与 SCKey 组态的 I/O 位号、二次变量及监控软件 AdvanTrol 等相关联，使报表充分适应现代工业生产的实时控制需要。

（1）事件组态

点击菜单命令"数据/事件定义"将进入事件组态对话框，事件组态对话框如图 2-71 所示。

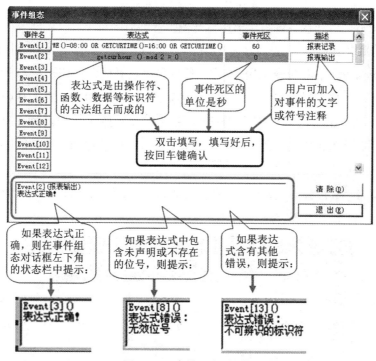

图 2-71　事件组态对话框

事件组态完成后，就可以在相关的时间组态、位号组态及输出组态中被引用了。

（2）时间量组态

点击菜单命令"数据/时间引用"将进入时间量组态对话框，如图 2-72 所示。

双击引用事件条，组态好的事件将全部出现在下拉列表中，选择需要的事件，按"回车"键确认。在引用事件时也可不选择已经组态好的事件，而是使用"No Event"，这样时间量的记录将不受事件的约束，而是依据记录精度进行时间量的记录，按照记录周期在报表中显示记录时间，按"回车"键确认。

双击时间格式条，在下拉列表中根据实际需要选择时间显示方式，按"回车"键确认。

双击描述条，用户可加入对时间量的注释，按"回车"键确认。

图 2-72　时间量组态对话框

组态完成后即可在报表编辑中引用这些编辑好的时间量了。

（3）位号量组态

点击菜单命令"数据/位号引用"将进入位号量组态对话框，如图 2-73 所示。

双击位号名条便可以直接输入位号名，或者通过点击按钮来选择 I/O 位号和二次计算变量，将分别弹出对应的位号选择对话框，根据需要选择即可，按"回车"键确认。

双击引用事件条来选择事件，这与时间量组态时引用事件的方法相同，按"回车"键确认。

双击模拟量小数位数条，输入相应数字，即需要显示的小数位数，并按"回车"键确认。

双击描述条，输入注释，按"回车"键确认。

图 2-73　位号量组态对话框

（4）报表输出定义组态

点击菜单命令"数据/报表输出"将进入报表输出定义对话框，如图 2-74 所示。

记录周期就是从报表周期开始，每隔一个记录周期，报表根据设置记录一组数据，直到输出周期结束。记录周期必须小于输出周期，输出周期除以记录周期必须小于 5000。

记录方式有"循环"和"重置"两种："循环记录"指一个报表周期结束后，"输出事件"还未发生，则第二个周期数据从第一个周期起始开始覆盖第一个周期数据；"重置记录"方式是清空第一个周期数据，再记录第二周期数据。

报表输出由"输出事件"决定，若是"No Event"，则报表按输出周期输出；否则，事件发生，报表输出。报表周期从启动 AdvanTrol 时开始计算。

图 2-74　报表输出定义对话框

4. 报表函数

报表函数可分为事件函数和表格函数两种：在报表事件定义的事件表达式中需要填写的是事件函数，而在报表单元格中填写的以"∶＝"方式开头的函数为表格函数。

常用事件函数表达式的使用举例：

①Getcurhour——getcurhour（）mod 2 = 0，表示当小时数为 2 的整数倍（0，2，4，…，22，24 点）时；

②getcurmin（）= 5 and getcurhour（）= 2，表示当时间为两点零五分时；

③Getcursec——getcursec（）= 20 or getcursec（）= 40，表示当时间为 20 或 40 秒时；

④Getcurtime——getcurtime（）= 10∶30∶00，表示当时间为十点三十分时。

常用的表格函数有 SUM 和 AVE，可以对选定区域进行求和或者求平均值的运算。

5. 操作站节点报表制作操作步骤

①创建报表文件，注意保存和关联。指定报表所属操作小组，设置报表的页标题及文件名，进入报表编辑界面；报表应保存在系统组态文件夹下的 Report 子文件夹中，并将报表与系统组态关联。

②根据《班报表》设计要求确定报表所需的行列数。

③编辑报表文本。包括制作表头和设定报表格式，编辑报表字体及单元格格式等。

④时间量的组态和填充。设置报表中时间的记录格式，利用"填充"命令对报表记录内容进行设置。

⑤位号量的组态和填充。对报表中要用到的位号进行组态。所用位号必须是在 I/O 组态中已经组态的位号，利用"填充"命令对报表记录内容进行设置。

⑥事件组态。设置报表数据记录条件及报表输出条件。

⑦报表输出定义组态。设置数据记录周期和报表输出周期等。

⑧系统联编。在系统组态界面中进行系统编译，以便于运行实时监控软件时能自动生成报表。

【实施与考核】

1. 实施流程

2. 考核内容

（1）创建报表文件

点击图标"报表"或选中"操作站"，进入操作站报表设置界面，《班报表》创建步骤如图 2-75 所示。

（2）确定行列数

根据《班报表》设计要求确定所需的行列数，报表为 11 行、10 列。删除多余的行列，其操作步骤如图 2-76 所示。

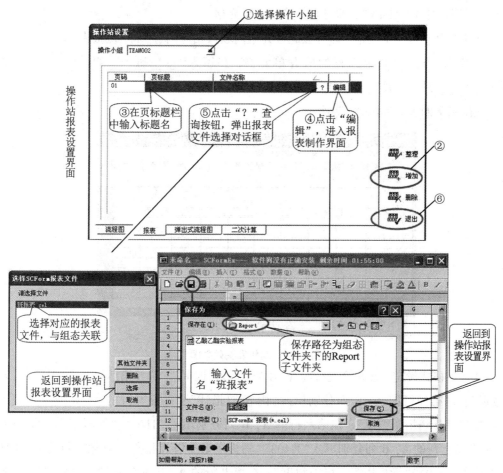

图 2-75　《班报表》创建步骤

图 2-76　确定所需的行列数的操作步骤

（3）编辑报表文本

①制作表头。

❖合并第一行的所有单元格。选中第一行，单击工具栏中的"合并单元格"，即"⊞"

按钮，或用快捷键"Alt+X"，即可合并第一行单元格。

❖双击合并后的单元格，即可在此合并格内填入相应内容，即"班报表"。

❖相同的方法合并第二行的所有单元格，并填入"___班___组 组长___记录员___年___月___日"。

制作完毕的表头如图2-77所示。

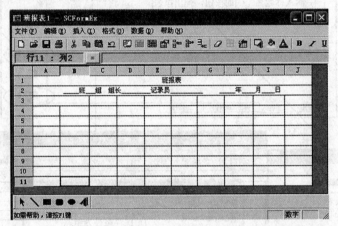

图2-77　制作表头效果图

②报表格式设定。合并第三行的A，B列，写入"时间"；合并第四行的C~J列，写入"数据"；在第四行的A，B列分别填入"内容""描述"；在第五行的A，B列分别填入"TI401""筛板塔塔釜温度"；在第六行的A，B列分别填入"TI402""筛板塔第一塔节温度"；在第七行的A，B列分别填入"TI403""筛板塔第二塔节温度"；在第八行的A，B列分别填入"TI404""筛板塔第三塔节温度"；在第九行的A，B列分别填入"TI405""筛板塔第四塔节温度"；在第十行的A，B列分别填入"TI406""筛板塔塔顶温度"；在第十一行的A，B列分别填入"TI407""筛板塔回流温度"。调整A，B列宽到合适的位置。至此，报表上的一些固定内容已经设置完毕，报表格式设定效果图如图2-78所示。

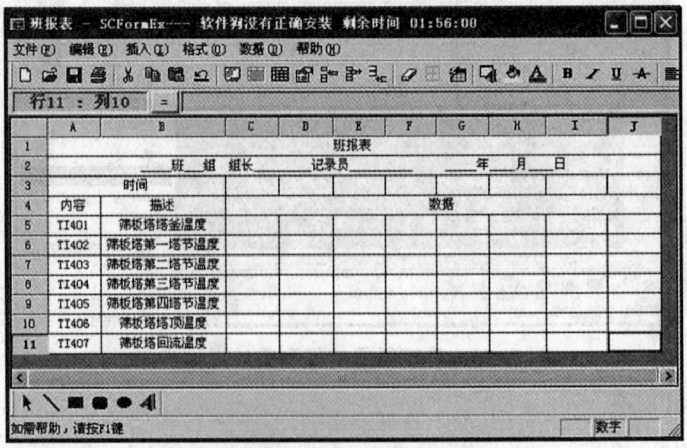

图2-78　报表格式设定效果图

（4）时间量的组态和填充

《班报表》上的第三行中一些单元格要求填充数据记录的时间，这些时间对象要求为"××:××(时:分)"形式。

①时间量的组态。选中"数据/时间引用"菜单项，弹出时间量组态对话框。对 Timer1 进行组态：引用事件一栏为"No Event"；时间格式一栏通过下拉菜单选择"××：××(时：分)"；"描述"中可进行相关的注释"记录时间"。点击"退出"按钮，回到编辑界面。时间组态效果如图 2-79 所示。

图 2-79　时间量组态效果图

②时间量的填充。选中第三行的 C~J 列，单击菜单栏"编辑"中的"填充"菜单项，或用快捷键"Alt+S"，即可弹出"填充序列"对话框，操作步骤如图 2-80 所示。

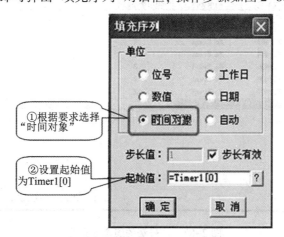

图 2-80　时间量的填充操作步骤

单击"确定"完成时间量填充，时间量的效果图如图 2-81 所示。

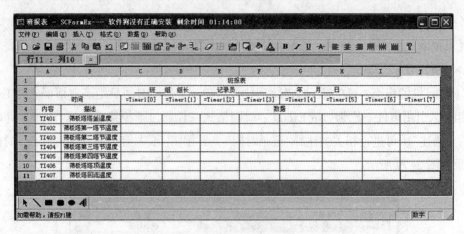

图 2-81　时间量的效果图

（5）位号量的组态和填充

《班报表》上的第五行至第十一行中一些单元格要求填充指定位号的实时数据，这些数据均要求记录两位小数。

①位号量的组态。选中"数据/位号引用"菜单项，先对位号 TI401 进行引用：位号名一栏为"TI401"，引用事件一栏为"No Event"；模拟量小数位数一栏为 2；"描述"中可进行相关的注释；同样的方法，引用另外几个位号；最后点击"退出"，回到编辑界面。位号量的组态效果图如图2-82所示。

	位号名	引用事件	模拟量小数位数	描述
1	TI-401	No Event	2	
2	TI-402	No Event	2	
3	TI-403	No Event	2	
4	TI-404	No Event	2	
5	TI-405	No Event	2	
6	TI-406	No Event	2	
7	TI-407	No Event	2	
8				
9				
10				
11				
12				
13				

清除(D)　　退出(E)

图 2-82　位号量的组态效果图

②位号量的填充。选中第五行的 C~J 列，单击菜单栏"编辑"中的"填充"菜单项，或用快捷键"Alt＋S"，即可弹出"填充序列"对话框，位号量的填充操作步骤如图 2-83所示。

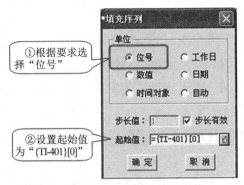

图 2-83　位号量的填充操作步骤

单击"确定"完成。采用同样的方法，填充另外的一些位号，效果如图 2-84 所示。

	A	B	C	D	E	F	G	H	I	J
1						班报表				
2			___班___组　组长___　　记录员___					___年___月___日		
3		时间	=Timer1[0]	=Timer1[1]	=Timer1[2]	=Timer1[3]	=Timer1[4]	=Timer1[5]	=Timer1[6]	=Timer1[7]
4	内容	描述					数据			
5	TI401	筛板塔塔釜温度	={TI-401}[0]	={TI-401}[1]	={TI-401}[2]	={TI-401}[3]	={TI-401}[4]	={TI-401}[5]	={TI-401}[6]	={TI-401}[7]
6	TI402	筛板塔第一塔节温度	={TI-402}[0]	={TI-402}[1]	={TI-402}[2]	={TI-402}[3]	={TI-402}[4]	={TI-402}[5]	={TI-402}[6]	={TI-402}[7]
7	TI403	筛板塔第二塔节温度	={TI-403}[0]	={TI-403}[1]	={TI-403}[2]	={TI-403}[3]	={TI-403}[4]	={TI-403}[5]	={TI-403}[6]	={TI-403}[7]
8	TI404	筛板塔第三塔节温度	={TI-404}[0]	={TI-404}[1]	={TI-404}[2]	={TI-404}[3]	={TI-404}[4]	={TI-404}[5]	={TI-404}[6]	={TI-404}[7]
9	TI405	筛板塔第四塔节温度	={TI-405}[0]	={TI-405}[1]	={TI-405}[2]	={TI-405}[3]	={TI-405}[4]	={TI-405}[5]	={TI-405}[6]	={TI-405}[7]
10	TI406	筛板塔塔顶温度	={TI-406}[0]	={TI-406}[1]	={TI-406}[2]	={TI-406}[3]	={TI-406}[4]	={TI-406}[5]	={TI-406}[6]	={TI-406}[7]
11	TI407	筛板塔回流温度	={TI-407}[0]	={TI-407}[1]	={TI-407}[2]	={TI-407}[3]	={TI-407}[4]	={TI-407}[5]	={TI-407}[6]	={TI-407}[7]

图 2-84　位号量的效果图

（6）事件组态

选中"数据/事件定义"菜单项，对 Event[1]进行组态：表达式一栏中写入如下表达式：GETCURTIME( ) = 08：00 OR GETCURTIME( ) = 16：00 OR GETCURTIME( ) = 00：00；事件死区一栏中写入：60；"描述"一栏中写入：报表输出。点击"退出"按钮，回到编辑界面，事件组态完成，事件组态的效果图如图 2-85 所示。

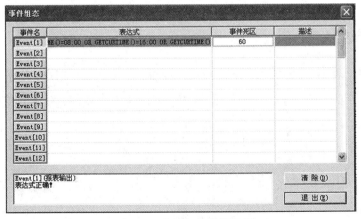

图 2-85　事件组态的效果图

（7）报表输出定义组态

选中"数据/报表输出"菜单项，在报表输出对话框中，将确定报表周期、记录周期、记录方式、事件输出。《班报表》的输出周期为 8 h，记录周期为 1 h，记录方式为循环，输出事件为"Event[1]"。点击"确认"按钮，回到报表组态界面，输出设置完成，报表输出定义组态的效果图如图 2-86 所示。

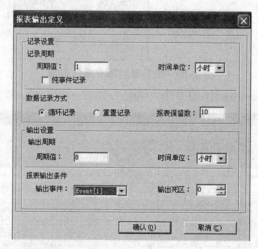

图 2-86　报表输出定义组态的效果图

（8）系统联编

制作完成后，先点击保存图标"💾"，将整个组态文件进行保存。然后进行全体编译，如果编译正确，至此报表的组态工作全部完成。在 AdvanTrol 监控软件中运行整个 SCKey 组态，可以观察报表的运行情况。

任务八　用户授权管理的设置

【任务描述】

学生先根据表 2-20 的要求进行用户授权设置，需建立 3 个用户，使学生掌握用户授权管理软件操作（包括用户名、密码、允许访问的操作小组名称、对应的角色、角色对应的功能）的方法。

表 2-20　用户授权管理

用户名	用户密码	允许访问的操作小组名称	权限	角色对应功能
系统维护	学号+姓名	工程师小组、反应釜工段小组、筛板精馏工段小组、填料精馏工段小组	特权	在 SCKey 和 SCTask 的操作软件中可进行组态、系统退出、位号查找、报表打印、系统状态信息查看、屏幕拷贝打印、报表在线修改、操作记录查看、报警声音修改、报警界面屏蔽、趋势画面设置、SV 修改、MV 修改、阀位高低限、小信号切除、AI 累积值、前馈和串级反馈控制、比值控制、乘法器、打印机配置、启动实施数据浏览软件、调节器正反作用设置、模入手工置值限、回路控制方式切换、系统热键屏蔽、打开网络模块界面、打开趋势记录界面、打开时间同步界面、退出实时数据服务、服务器冗余切换、历史数据查询、历史数据备份、启动选项的操作
工程师	SUPCONDCS	工程师小组、反应釜工段小组、筛板精馏工段小组、填料精馏工段小组	工程师+	在 SCKey 和 SCTask 的操作软件中可进行组态、系统退出、位号查找、报表打印、系统状态信息查看、屏幕拷贝打印、报表在线修改、操作记录查看、报警声音修改、报警界面屏蔽、趋势画面设置、SV 修改、MV 修改、历史数据查询、历史数据备份、启动选项、阀位高低限、小信号切除、AI 累积值、前馈和串级反馈控制、比值控制、乘法器、调节器正反作用设置、模入手工置值限、回路控制方式切换、打印机配置、打开趋势记录界面、打开时间同步界面、启动实施数据浏览软件、打开网络模块界面、服务器冗余切换的操作
反应釜	1111	反应釜工段小组	操作员	可进行报表打印、屏幕拷贝打印、报表在线修改、操作记录查看、MV 修改、报警界面屏蔽、趋势画面设置、调节器正反作用设置、回路控制方式切换、模入手工置值限、历史数据查询、历史数据备份的操作

【必备知识】

1. 用户授权介绍

用户授权管理操作主要由 ScReg 软件来完成。它通过在软件中定义不同级别的用户来保证权限操作，即一定级别的用户对应一定的操作权限。对每个用户也可专门指定（或删除）其某种授权。用户授权界面如图 2-87 所示。用户授权软件主要是对用户信息进行组态，其功能如下。

①一个用户关联一个角色。

②用户的所有权限都来自其关联的角色。

③用户的角色等级也来自角色列表中的角色。

④可设置的角色等级分成 8 级，分别为操作员-、操作员、操作员+、工程师-、工程师、工程师+、特权-、特权。

⑤角色的权限分为功能权限、数据权限、特殊位号、自定义权限、操作小组权限。

⑥只有超级用户 admin 才能进行用户授权设置，其他用户均无权修改权限，工程师及工程师以上级别的用户可以修改自己的密码。admin 的用户等级为特权+，权限最大，默认密码为 supcondcs。

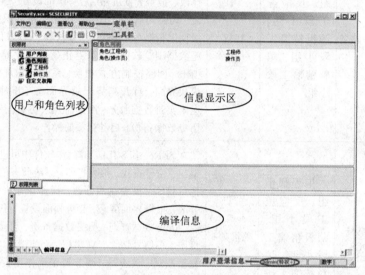

图 2-87　用户授权界面

2. 用户授权管理命令一览表

用户授权管理命令一览表见表 2-21。

表 2-21　用户授权管理命令一览

命令		功能说明
菜单栏	文件	用于打开、保存.SCS 文件和退出用户授权界面
	编辑	提供编辑的功能，包括：添加用户向导、添加、删除、管理员密码和编译
	查看	用于设置显示和隐藏权限树、编译信息、工具栏和状态栏
	帮助	提供使用说明和用户权限组态的版本、版权等信息
工具栏	打开	可以单独打开每个组态的用户管理文件进行用户授权组态
	保存	对修改的信息进行保存操作
	向导	以向导形式添加用户
	添加	根据权限树中所选项的不同，添加不同的内容。如选中"用户列表"，可以添加新用户；选中"角色列表"，可以添加新角色
	删除	根据权限树中所选项不同，删除不同的内容。可以删除单个用户、单个角色，单个自定义权限等

表 2-21(续)

命令		功能说明
工具栏	管理员密码	可以对超级用户"admin"的密码进行修改
	编译	仅对用户信息进行编译
	关于	提供用户授权软件的版本及版权信息
权限树	用户列表	包含该组态中的所有用户
	角色列表	包含该组态用户中的所有角色。角色列表中的单个角色：包含有功能权限、数据权限、特殊位号、自定义权限、操作小组权限及用户列表
	自定义权限	包含该组态中所有的自定义权限
信息显示区		具体显示权限树中所选项的信息。有用户列表、单个用户、角色列表、单个角色、角色的数据权限、角色的功能权限、角色的特殊位号权限、角色的自定义权限、角色的操作小组权限及所有自定义权限列表
编译信息		显示最近一次编译的错误或成功的信息
用户登录信息		显示当前登录的用户，与 SCKey 中登录的用户一样

3. 用户授权管理注意事项

①只有超级用户 admin 能新建和修改所有角色的用户信息。

②工程师及工程师以上级别用户可以修改自己的密码。

③添加、删除信息时，需要选中左边树中的相应项，然后在菜单栏中选择"编辑/删除"或在工具栏中选择删除按钮或右键点击需要删除项，在弹出的右键菜单中选择删除菜单项即可。

④每个角色至少关联一个操作小组，否则编译出错。

⑤admin 用户默认关联所有的操作小组，不可修改。

【实施与考核】

1. 实施流程

接受任务 ➡ 咨询相关信息 ➡ 制定方案 ➡ 启动用户授权软件 ➡ 添加新用户 ➡ 权限设置 ➡ 验收

2. 考核内容

(1)启动用户授权软件

启动用户授权软件步骤如图 2-88 所示。

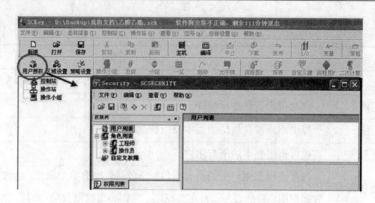

图 2-88　启动用户授权软件步骤

（2）添加新用户

添加新用户操作步骤如图 2-89 所示。

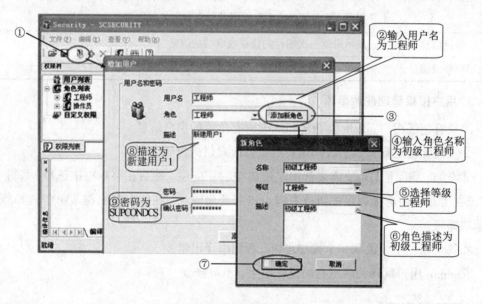

图 2-89　添加新用户步骤

新建用户和角色成功后，在用户列表和角色列表中列出新建的用户和角色，点击向导按钮"　"可重复以上过程设置其他级别的用户。

（3）功能权限设置

初级工程师用户功能权限设置步骤如图 2-90 所示。若角色的某项功能权限未被选中（如系统组态项），则选中该项权限时，将弹出提示框。点击"确定"则赋予角色此项功能权限；点击"取消"则不赋予角色此项功能权限。

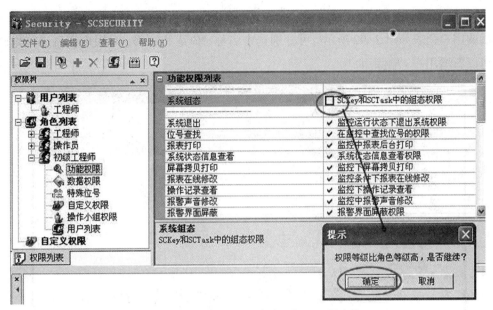

图 2-90　初级工程师用户功能权限设置步骤

(4)操作小组权限设置

操作小组权限设置如图 2-91 所示。点击"操作小组权限"，显示操作小组权限列表。每个角色的操作小组权限列表中列出了已组态的所有操作小组，可以在其中选择角色允许访问的操作小组。每个角色至少关联一个操作小组，否则编译出错。选中想要关联的操作小组，将出现一个复选框，进行勾选即完成该角色与操作小组的关联。

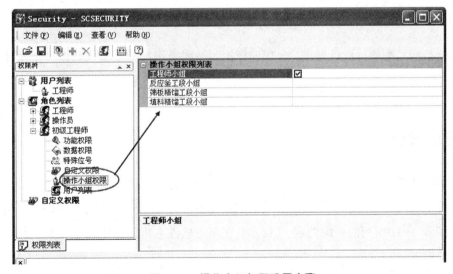

图 2-91　操作小组权限设置步骤

(5)用户列表设置

在权限树中选中初级工程师的用户列表项，在右边的信息显示区中显示该角色对应的所有用户。选中权限树角色中的用户列表项，点击工具栏中的"➕"按钮或点击"编辑/添加"命令或在弹出的右键菜单命令中选择添加,即可在该角色下添加一个用户,添加后的用户列表如图 2-92 所示。可分别选中名称、描述和密码,对用户信息进行修改,还可以新增用户、删除用户。

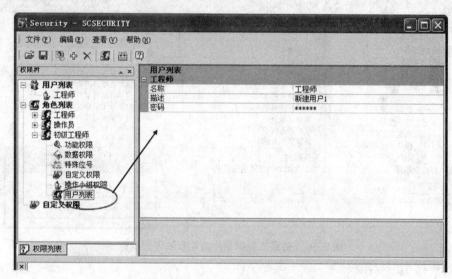

图 2-92 用户列表设置

任务九 网络连接与设置

【任务描述】

根据乙酸乙酯项目设计要求,合理选择控制站和操作站的型号及数量,合理设置 IP 地址,正确地连接操作站及控制站;掌握控制站和操作站地址设置的规则,掌握 JX-300XP DCS 的 IP 地址的设置与连接方法。

【必备知识】

1. 主控卡地址设置

主控卡 XP243X 网络地址设置有效范围:最多可有 63 个控制站,对 TCP/IP 协议地址采用如表 2-22 所列的系统约定。(提示:在组态软件主机设置中和主控卡硬件拨号开关中都要设置。)

2. 操作站地址设置

操作站网卡的安装与调试:网卡采用标准的以太网卡方法安装。网卡地址最多设置 JX-300XP 网络中的 72 个操作站,对 TCP/IP 协议地址采用的系统约定如表 2-22 所列。(提示:在组态软件主机设置中和计算机本地连接中都要设置。)

表 2-22 TCP/IP 协议地址约定

类别	地址范围		备注
	网络码	IP 地址	
控制站地址	128.128.1	2~127	每个控制站包括两块互为冗余的主控制卡。每块主控制卡享用不同的网络码。主机地址统一编排，相互不可重复。地址应与主控制卡硬件上的跳线匹配
	128.128.2	2~127	
操作站地址	128.128.1	129~200	每个操作站包括两块互为冗余的网卡。两块网卡享用同一个主机地址，但应设置不同的网络码。主机地址统一编排，不可重复
	128.128.2	129~200	

网络码"128.128.1"和"128.128.2"代表两个互为冗余的网络。在控制站表现为两个冗余的通信口，上为"128.128.1"，下为"128.128.2"；在操作站中表现为两块网卡，每块网卡所代表的网络号由 IP 地址决定，即 IP 地址设置为 A 网：128.128.1.XXX；B 网：128.128.2.XXX；子网掩码：255.255.255.0。

若主控卡地址设置为"2"和"3"，操作站 IP 地址为 130，则 SUPCON 系列 DCS 系统 SCnet Ⅱ 网络的连接方法如图 2-93 所示。

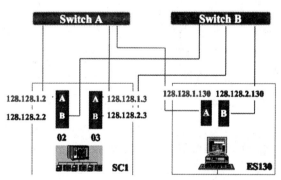

图 2-93 网络连接示意图

JX-300XP 中，每个操作站有两块互为冗余的网卡，每块网卡有一个通讯口，在这里还必须注意一点，在 SCnet Ⅱ 网络安装中，HUB 必须可靠接地，即 HUB 电源线中的地线端 GND 必须接大地，否则有可能导致网络严重冲突（collision），甚至可能导致网络通讯中断。

3. 过程信息网的设置

过程信息网的设置常见两种模式，即独立组网模式和合并模式（与 B 网绑定），IP 地址设置为 C 网：128.128.5.XXX。

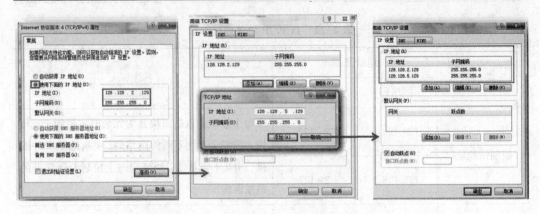

图 2-94 合并模式(与 B 网绑定)的设置

【实施与考核】

1. 实施流程

接受任务 → 咨询相关信息 → 制定方案 → 选择控制站和操作站的型号及数量 → 设置控制站和操作站IP地址 → 连接操作站及控制站 → 验收

2. 考核内容

(1)网络连接与设置

①操作站网卡进行安装。

②网卡硬件安装完成后,进入 Windows 操作系统设置网卡的 IP 地址,如图 2-95 所示。

③操作站与控制站之间安装连接,如图 2-96 所示。

④对主控制卡的网络节点地址设置,如图 2-97 所示。

(2)网络调试

网络的物理设备连接好后,利用系统自带的"ping"命令检测网内各节点间的网络是否通畅,具体测试步骤如下。

①选择一个工程师站或任意一台操作员站作为基站,进行网络测试,对于整个系统中任何一个端口都要进行测试,确保网络正常工作。

②在计算机的"开始\运行"里键入下面的 DOS 命令:"ping128.128.X.XXX-t"。如在工程师站上输入"ping128.128.1.2-t",即测试工程师站和 2 号主控的通讯端口 A 之间的通讯状况,如图 2-98 所示。

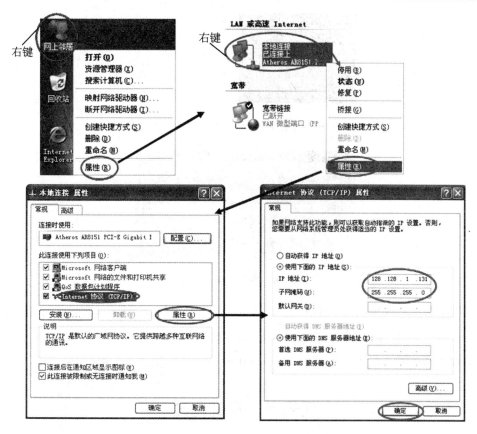

图 2-95 设置网卡的 IP 地址示意图

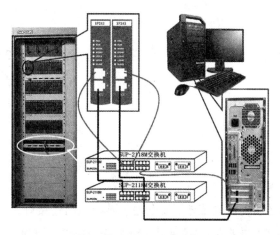

图 2-96 操作站与控制站之间安装连接示意图

图 2-97　主控制卡的网络节点地址设置示意图

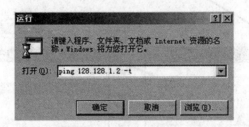

图 2-98　输入"ping"命令

检测标准：在一段时间内网络响应时间(time)小于 10 ms，则表示该节点网络顺畅。

①若网络通畅，现象如下：Reply form 128.128.1.2：bytes＝32 time<10 ms TTL＝128；

②若网络故障，现象如下：Destination net unreachable.或者 Request timed out。

任务十　系统调试

【任务描述】

把乙酸乙酯系统组态下载到控制站，传送到 IP 地址为 131，132，133 的操作站，然后进行系统调试。

【必备知识】

1. 系统上电步骤

(1)控制站/操作站

在系统上电前，必须确保系统地、安全地、屏蔽地已连接好，并符合 DCS 的安装要求；必须确保 UPS 电源(如果有)，控制站 220 V 交流电源，控制站 5 V，24 V 直流电源，操作站 220 V 交流电源等均已连接好，并符合设计要求。然后按下列步骤上电：

①打开总电源开关；

②打开不间断电源(UPS)的电源开关；

③打开各个支路电源开关；

④打开操作站显示器电源开关；

⑤打开操作站工控机电源开关；

⑥最后逐个打开控制站电源开关。

（2）网络

①检查网络线缆通断情况，确认连接处接触良好，否则应及时更换故障线缆；

②做好双重化网络线的标记，上电前检查确认；

③上电后做好网络冗余性能的测试。

注意：不正确的上电、停电顺序可能会对系统的部件产生大的冲击，影响系统寿命，甚至直接破坏系统。

2. 注意事项

①在进行连接或拆除前，请确认计算机电源开关处于"关"状态。疏忽此操作可能引起严重的人员伤害和计算机设备的损坏。

②所有拔下的或备用的 I/O 卡件应包装在防静电袋中，严禁随意堆放。

③插拔卡件之前，须做好防静电措施，如带上接地良好的防静电手腕，或进行适当的人体放电。

④系统重新上电前必须确认接地良好，包括接地端子接触、接地端对地电阻（要求小于 4 Ω）。

3. 组态下载和发布

组态下载和发布是系统组态过程的最后步骤。完成上电工作后，须查看通讯是否通畅、各个卡件是否工作正常、上位机的安装是否满足相关规范，然后开始下载组态。

下载组态，即将工程师站的组态内容编译后下载到控制站，或在修改与控制站有关的组态信息（包括主控制卡配置、I/O 卡件设置、信号点组态、常规控制方案组态、自定义控制方案组态等）后，重新下载组态信息。如果修改操作站的组态信息（包括标准画面组态、流程图组态、报表组态等）则不需下载组态信息。

发布是为了保证上位机组态的一致性，上位机组态由工程师站或组态站统一发布。即所有操作站的组态都必须以发布后的组态为准。组态发布前，网络文件传输模块必须处于运行状态。

（1）组态下载

打开已经完成的组态文件，进行保存、编译。到系统提示编译正确，就可以将数据下载到控制站。

点击"下载"按钮，进入组态下载对话框，组态下载操作步骤如图 2-99 所示。

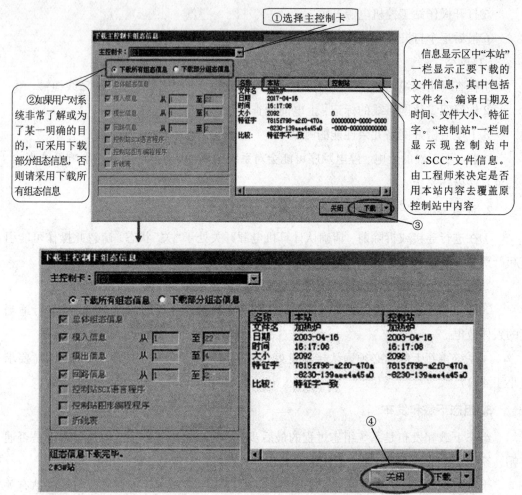

①选择主控制卡

信息显示区中"本站"一栏显示正要下载的文件信息，其中包括文件名、编译日期及时间、文件大小、特征字。"控制站"一栏则显示现控制站中".SCC"文件信息。由工程师来决定是否用本站内容去覆盖原控制站中内容

②如果用户对系统非常了解或为了某一明确的目的，可采用下载部分组态信息，否则请采用下载所有组态信息

注：当特征字不一致时需要下载。

图 2-99　组态下载操作步骤

在下载时如弹出对话框，则说明通讯不畅，此时需检查通讯线路，如图 2-100 所示。

图 2-100　通讯不畅对话框

（2）组态发布

组态发布操作步骤如图 2-101 所示。点击" 发布 "按钮，打开组态传送对话框，则向所有操作站发布组态。发布成功后，"发布组态"按钮显示为灰色，进入通知更新阶段。在列表中选择需要通知更新的操作站或工程师站，再点击"通知更新"按钮，则被选中的操

作站或工程师站的组态会被更新，更新完成后监控被重启。当发布的内容不变时，对方的计算机在更新完成后不会重启监控。完成后点击"退出"按钮，返回 SCKey 组态界面。

图 2-101　组态发布操作步骤

4. 实时监控软件登录

（1）实时监控软件简介

实时监控软件是控制系统的上位机监控软件，通过鼠标和操作员键盘的配合使用，可以方便地完成各种监控操作。在这个平台上，操作人员通过各种监控画面监视工艺对象的数据变化情况，发出各种操作指令来干预生产过程，从而保证生产系统正常运行。实时监控界面如图 2-102 所示。

图 2-102　实时监控界面

（2）实时监控软件启动

在桌面上双击快捷图标" ██ "或点击"开始/程序"中的"实时监控"命令，弹出实时监控软件启动的"组态文件"对话框，点击确定，进入实时监控画面。

（3）监控操作注意事项

①在第一次启动实时监控软件前完成用户授权设置。

②在运行实时监控软件之前，如果系统剩余内存资源已不足50%，建议重新启动计算机（重新启动 Windows 不能恢复丢失的内存资源）后再运行实时监控软件。

③在运行实时监控软件时，不要同时运行其他软件（特别是大型软件），以免其他软件占用太多的内存资源。

④不要进行频繁的画面翻页操作（即不要连续翻页超过 10 s）。

（4）监控操作按钮一览

监控画面中有 23 个形象直观的操作工具图标，这些图标基本包括了监控软件的所有总体功能。各功能图标的说明如表 1-23 所示。

表 2-23　操作工具图标说明一览表

图标	名称	功能
🏠	系统简介	公司简介以及本公司的一些软件的简要介绍，如实时监控、系统组态、逻辑控制等
💲	系统服务	包含"系统介绍""弹出式报警""控制分组""调整画面""报表""总貌""打印""系统设置""登录""退出"等功能
⚙	系统设置	包含"报表后台打印""启动实时报警打印""报警声音更改""打开系统服务"等功能
🔍	查找位号	快速查找 I/O 位号
🖨	打印图标	打印当前的监控画面
↖	前页	在多页同类画面中进行前翻
↘	后页	在多页同类画面中进行后翻
←	前进	前进一个画面
→	后退	后退一个画面
📖	翻页	左击在多页同类画面中进行不连续页面间的切换；右击在任意画面中切换
🔔	报警一览	显示系统的所有报警信息

表 2-23(续)

图标	名称	功能
	总貌画面	显示系统总貌画面
	分组画面	显示控制分组画面
	调整画面	显示调整画面
	趋势画面	显示趋势图画面
	流程图	显示流程图画面
	报表画面	显示最新的报表数据
	数据一览	显示数据一览画面
	故障诊断	显示控制站的硬件和软件运行情况
	登录	改变 AdvanTrol 监控软件的当前登录用户以及进行选项设置
	消音	屏蔽报警声音
	弹出式报警	弹出报警提示窗
	退出系统	退出 AdvanTrol 监控软件
	操作记录一览	显示系统所有操作记录

5. 卡件指示灯说明

（1）主控卡 XP243X 状态指示灯

主控卡 XP243X 状态指示灯见表 2-24。

表 2-24　主控卡 XP243X 状态指示灯

指示灯	名称	颜色	单卡上电启动	备用卡上电启动	正常运行	
					工作卡	备用卡
FAIL	故障报警或复位指示	红	亮→暗→闪一下→暗	亮→暗	暗（无故障情况下）	暗（无故障情况下）
RUN	运行指示	绿	亮→暗	与 STD-BY 配合交替闪	闪（频率为采样周期的两倍）	暗

表 2-24(续)

指示灯		名称	颜色	单卡上电启动	备用卡上电启动	正常运行	
						工作卡	备用卡
WORK		工作/备用指示	绿	亮	暗	亮	暗
STDBY		准备就绪	绿	亮→暗	与 RUN 配合交替闪（状态拷贝）	暗	闪（频率为采样周期的两倍）
通信	LED-A	0#网络通信指示	绿	暗	暗	闪	闪
	LED-B	1#网络通信指示	绿	暗	暗	闪	闪
Slave		I/O 采样运行状态	绿	暗	暗	闪	闪

（2）数据转发卡 XP233 状态指示灯

数据转发卡 XP233 状态指示灯见表 2-25。

表 2-25　数据转发卡 XP233 状态指示灯

指示灯	FAIL（故障指示）	RUN（运行指示）	WORK（工作/备用指示）	COM（通信指示）	POWER（电源指示）
颜色	红	绿	绿	绿	绿
正常	暗	亮	亮(工作)暗(备用)	闪(工作：快闪)闪(备用：慢闪)	亮
故障	亮	暗	—	暗	暗

（3）I/O 卡件状态指示灯

I/O 卡件状态指示灯见表 2-26 和表 2-27。

表 2-26　I/O 卡件状态指示灯

LED 灯指示状态	FAIL(红)（故障指示）	RUN(绿)（运行指示）	WORK(绿)（工作/备用）	COM(绿)（通信指示）	POWER(绿)（5 V 电源指示）
常灭	正常	不运行	备用	无通信	故障
常亮	自检故障	CPU 故障	工作	组态错误	正常
闪	CPU 复位	正常	切换中	正常	硬件故障

表 2-27　开关量通道指示灯

LED 灯指示状态		通道状态指示	LED 灯指示状态		通道状态指示
CH1/2	绿-红闪烁	通道 1：ON　通道 2：ON	CH5/6	绿-红闪烁	通道 5：ON　通道 6：ON
	绿	通道 1：ON　通道 2：OFF		绿	通道 5：ON　通道 6：OFF
	红	通道 1：OFF　通道 2：ON		红	通道 5：OFF　通道 6：ON
	暗	通道 1：OFF　通道 2：OFF		暗	通道 5：OFF　通道 6：OFF
CH3/4	绿-红闪烁	通道 3：ON　通道 4：ON	CH7/8	绿-红闪烁	通道 7：ON　通道 8：ON
	绿	通道 3：ON　通道 4：OFF		绿	通道 7：ON　通道 8：OFF
	红	通道 3：OFF　通道 4：ON		红	通道 7：OFF　通道 8：ON
	暗	通道 3：OFF　通道 4：OFF		暗	通道 7：OFF　通道 8：OFF

6. 状态检查和功能测试

①检查各部件状态是否正常。

②对系统进行功能测试(卡件冗余切换、供电冗余、网络冗余)，系统冗余测试的目的是确保系统中各类冗余部件协同工作正常。

③对系统软件功能进行测试，测试内容主要包含以下几个方面：系统是否完成了用户在流程画面方面的要求；测试操作员站的报警管理功能是否符合要求；测试数据一览的功能是否符合要求；测试系统的历史数据管理功能(趋势图)是否符合要求；测试定时报表打印、随机报表打印；测试屏幕硬拷贝功能、口令管理；测试工程应用中涉及的控制方案是否能够实现，并在此阶段将控制方案成型。

7. 通道测试

测试时，直接在 I/O 卡件端子上输入模拟信号或者接入测量用的万用表等工具，以测试 I/O 卡件的输入输出是否正常。

①对输入通道，用标准表从端子排给信号，检查组态是否正确，精度是否满足要求。

②多输出通道，利用操作站改变输出变量，用万用表在端子排测量信号是否满足要求。

8. 系统联调

当现场仪表安装完毕、信号电缆已经按照接线端子图连接完毕并已通过上电检查等步骤后，可以进行系统模拟联调。

联调的方法和前文所述的 I/O 通道调试的方法基本相同，只是通道调试采用的是模拟信号，而系统联调采用的是真实的现场设备信号。

联调的内容主要有：

①对各模拟信号进行联动调试，确认连线正确，显示正常；

②对各调节信号进行联动调试，确认阀门动作正常、气开气关正确，根据工艺确定正反作用；

③联系现场设备，确定 DO 信号控制现场设备动作正常，DI 信号显示正常；

④联系现场设备，确定控制方案动作正常，联锁输出正常，能满足工艺开车的需要；

⑤联调后，为保证系统可以顺利投运，应及时解决以下三个问题：一是信号错误，如接线、组态问题；二是 DCS 与现场仪表匹配问题；三是现场仪表是否完好。

9. 系统投运

所谓控制系统的投运，指当系统设计、安装、调试就绪，或者经过停车检修之后，使控制系统投入使用的过程。要使控制系统顺利地投入运行，首先必须保证整个系统的每一个组成环节都处于完好的待命状态。这就要求操作人员（包括仪表人员）在系统投运之前，对控制系统的各种装置、连接管线、供气、供电等情况进行全面检查。同时要求操作人员掌握工艺流程，熟悉控制方案，了解设计意图，明确控制目的与指标，懂得主要设备的功能及所用仪表的工作原理和操作技术等。

【实施与考核】

1. 实施流程

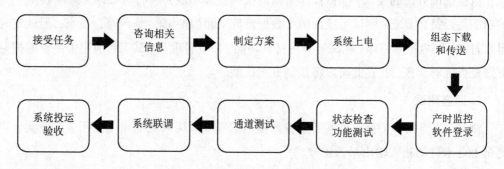

2. 考核内容

（1）系统上电

（2）组态下载和发布

（3）实时监控软件登录

在桌面上双击快捷图标"![]"（或是点击"开始/程序/AdvanTrol-Pro"中的"实时监控"命令），直接启动监控。

（4）状态检查和功能测试

①检查各部件状态是否正常。

②对系统进行功能测试（供电冗余、网络冗余、卡件冗余切换）。

❖主控卡的冗余测试。

在操作站上点击"▓▓"按钮,将监控画面切换到故障诊断画面。在故障诊断画面中可以直观显示当前控制站中主控制卡的工作情况,控制卡左边标有该控制卡的 IP 号,绿色表示该控制卡当前正常工作,黄色表示该控制卡当前备用状态,红色表示该控制卡故障。单卡表示控制站为单主控制卡,双卡表示控制站为冗余控制卡。

将控制站互为冗余的两块主控卡中的工作卡拔出,观察另一块主控卡是否能够从后备状态切换至工作状态,观察切换时其他卡件运行情况;同时注意观察系统的控制结果在切换前后是否有异常。然后交换测试,以确保两块卡能相互间无扰切换。测试完毕后,填写表 2-28。

表 2-28　主控卡的冗余测试

主控卡	无扰切换	故障切换	是否抢控制权
控制站主/备卡			

❖数据转发卡的冗余测试。

将控制站互为冗余的数据转发卡中的工作卡拔出,观察另一块转发卡是否能够从后备状态切换至工作状态;同时注意观察本机笼 I/O 卡件在切换的过程中是否受到扰动。将拔出的数据转发卡插回机笼,观察插入后插入通信报警是否正确。然后交换测试,以确保两块卡能无扰切换。测试完毕后,填写表 2-29。

表 2-29　数据转发卡的冗余测试

数据转发卡	无扰切换	故障切换	是否抢控制权
00/01			

❖通信端口冗余测试。

只保留一个通信端口,进行单口的组态下载,观察下载能否顺利、通畅进行。

将互为冗余的两层通信网络分别破坏,如拔出一根与网卡或主控制卡的通信线,断开两根与主控制卡相连的通信电缆(一上一下)或其他可模拟的故障方式,观察系统能否正常通信,观察主控制卡的切换能否完成。测试完毕后,填写表 2-30。

表 2-30　通信端口冗余测试

通讯端口	正常	不正常	备注
＿＿#主控卡 1#端口			
＿＿#主控卡 2#端口			
129 网卡 1#端口			
129 网卡 2#端口			

❖HUB 的冗余测试。

只让一个 HUB 带电工作，另一个 HUB 停电，然后进行组态下载，观察下载是否能够通畅完成。测试完毕后，填写表 2-31。

表 2-31　HUB 的冗余测试

HUB 工作	正常	不正常	备注
1#HUB 单独工作			
1#HUB 单独工作			
1, 2#HUB 同时工作			

③对系统软件功能进行测试。

（5）通道测试

①模拟输入信号测试。I/O 卡件的通道测试，亦可称为静态调试。在这时需要检查各个 I/O 通道是否工作正常。一般的测试方法是对每一通道进行 25%，50%，75% 这三点测试，并将相应数据，填写到表 2-32 中。

表 2-32　模拟输入信号测试

模拟量信号测试记录							
位号	信号通道地址	正端	负端	信号量程	25%FS	50%FS	75%FS
测试结果							

②开入信号测试。根据组态信息对信号进行逐一测试：用一短路线将对应信号端子短接与断开，同时观察操作站实时监控画面中对应开关量显示是否正常，并记录测试数据。测试完毕后，填写表 2-33。

表 2-33　开入信号测试

开入信号测试记录					
位号	信号通道地址	正端	负端	短接	断开
测试结果					

③模拟输出信号测试。根据组态信息选择相应的内部控制仪表，手动改变 MV（阀位）值，MV 值一般顺序地选用 25%FS，50%FS，75%FS，同时用万用表测量对应卡件信号端子输出电流（Ⅱ型或Ⅲ型），同时观察操作站实时监控画面中对应模出量是否与手动输入的 MV 值正确对应，并做记录。测试完毕后，填写表 2-34。

表 2-34 模拟输出信号测试

模拟量输出信号测试记录

位号	信号通道地址	正端	负端	信号量程	25%FS	50%FS	75%FS
	测试结果						

④开出信号测试。根据组态信息选择相应的内部控制仪表，改变开关量输出的状态，同时用万用表在信号端子侧测量其电阻值或电压值，并记录开关闭合和断开时端子间的测试值。测试完毕后，填写表 2-35。

表 2-35 开出信号测试

开出信号测试记录

位号	信号通道地址	正端	负端	开关闭合时测试	开关断开时测试
	测试结果				

（6）系统联调

进行系统和现场的一次原件联动调试。

（7）系统投运验收

系统联调完成，各测点、阀门、点击动作正常；控制方案模拟运行正常；工艺条件成熟，可以进行系统投运。

第二部分

提高篇

项目三 CENTUM-CS3000 控制系统的选型、安装与操作

【项目描述】

要求用 CENTUM-CS3000 DCS 装置设计一套用于石化公司常减压加热炉装置的加热炉控制系统。根据测点清单进行前期设计、硬件选型、设备安装、组态设计及系统运行调试。测点清单如表 3-1 所列。

表 3-1 测点清单

信号							属性		
序号	位号	描述	I/O	类型	量程	单位	报警要求	周期/s
1	PI102	原料加热炉烟气压力	AI	4~20 mA	−100~0	Pa	90%高报	1
2	LI101	原料油储罐液位	AI	4~20 mA	0~100	%	100%高报	2
3	FI001	加热炉原料油流量	AI	4~20 mA	0~500	m^3/h	跟踪值250，高偏差40报警	60
4	FI104	加热炉燃料气流量	AI	4~20 mA	0~500	m^3/h	下降速度10%/s报警	60
5	TI106	原料加热炉炉膛温度	TC	K	0~600	℃	上升速度10%/s报警	2
6	TI107	原料加热炉辐射段温度	TC	K	0~1000	℃	10%低报	1
7	TI102	反应物加热炉炉膛温度	TC	K	0~600	℃	跟踪值300，高偏100报警，低偏80报警	2
8	TI103	反应物加热炉入口温度	TC	K	0~400	℃	跟踪值300，高偏30报警，低偏20报警	2

表 3-1(续)

信号					属性			
序号	位号	描述	I/O	类型	量程	单位	报警要求	周期/s
9	TI104	反应物加热炉出口温度	TC	K	0~600	℃	90%高报	2
10	TI108	原料加热炉烟囱段温度	TC	E	0~300	℃	下降速度15%/s报警	2
11	TI111	原料加热炉热风道温度	TC	E	0~200	℃	上升速度15%/s报警	2
12	TI101	原料加热炉出口温度	RTD	Pt100	0~600	℃	90%高报	1
13	PV102	加热炉烟气压力调节	AO	正输出				
14	FV104	加热炉燃料气流量调节	AO	正输出				
15	LV101	1号冷凝器液位A阀调节	AO	正输出				
16	LV1012	1号冷凝器液位B阀调节	AO	正输出				
17	KI301	泵开关指示	DI				ON 报警	1
18	KI302	泵开关指示	DI				变化频率大于2 s报警,延时3 s	1
19	KI303	泵开关指示	DI					1
20	KI304	泵开关指示	DI					1
21	KI305	泵开关指示	DI					1
22	KI306	泵开关指示	DI					1
23	KO302	泵开关操作	DO					1
24	KO303	泵开关操作	DO					1
25	KO304	泵开关操作	DO					1
26	KO305	泵开关操作	DO					1
27	KO306	泵开关操作	DO					1
28	KO307	泵开关操作	DO					1

任务一 系统软硬件的认知

【任务描述】

认识 CENTUM-CS3000 系统相关软硬件，掌握包括现场控制站、工程师站、操作员站及过程控制网络等的相关软硬件。

【必备知识】

1. 系统的组成

CS3000 系统由 FCS 控制站（dual redundancy field control station：双重冗余型现场控制站）和 HIS 操作站（human interface station：人机界面操作站，分为工程师站和操作员站）两大部分，并利用 VL 网将系统中的每个站连接在一起，如图 3-1 所示。

（1）HIS 人机接口

它主要用来操作和监视过程变量、控制参数及报警信息等，主要由通用 PC 机、VF701 卡、操作员键盘组成。

①工程师站：用于系统组态和仿真调试等工程，也可以用于对过程控制的操作和监视，如对控制器进行组态和调整回路参数。

②操作站：用于对过程控制的操作和监视。为操作人员提供了以 CRT 为基础的人机界面，操作人员可以通过 CRT 显示的各种画面了解生产工况，并通过 HIS 站送出控制命令，实现对装置的操作和监视工艺过程变量、控制参数及必要的报警信息等。

（2）FCS 控制站

用于过程 I/O 信号处理，完成模拟量调节、顺序控制、逻辑运算、批量控制等实时控制运算功能。

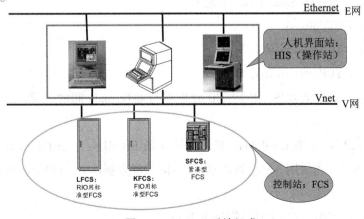

图 3-1 CS3000 系统组成

（3）通信网络

CS-3000 控制系统由 E 网和 V 网构成整个系统网络，如图 3-1 所示。

E 网（Ethernet）。单网，连接操作站，完成操作站之间的数据交换。其通过双绞线网线和 HUB 连接而成。

V 网（Vnet）。连接控制站与操作站，实现控制站与操作站之间的数据交换。其冗余控制总线 BUS1，BUS2 均采用同轴电缆。

V 网采用双重冗余配置，形成了两条总线 BUS1 和 BUS2 来完成通讯任务，当一条总线通讯失败时，另一条总线将接管通讯任务。网络中不用的端口须装 50 欧姆终端电阻。

①Vnet。用于进行操作监视及信息交换（连接系统内各部件）的实时控制网（双重化）。以下是其相关数据：

❖最大站节点：64/域；

❖传输速率：10 Mb/s；

❖通信规程：Token-Passing（令牌传递）；

❖传输介质：同轴电缆/光纤；

❖连接电缆：YCB111/YCB141（同轴电缆）；HIS 间 YCB141，其他站间 YCB111；

❖传输距离：YCB111（500 m）；YCB141（185 m）；混合连接时，0.4×YCB111 + YCB141≤185 m；

❖输入/输出层：有 RIO，ESB，ER。

②Ethernet：系统内各 HIS 间进行数据交换的网络。以下是其相关数据：

❖通信规程：TCP/IP，FTP；

❖通信速率：10 Mb/s；

❖16 个 HIS/域，且 1 个用于组态。

③ESB BUS。I/O 通讯 BUS，用于 FCU 处理器与本地 Node 间进行数据传输的双重化实时通讯总线。以下是其相关数据：

❖最大连接设备：15 Node/FCU（本地 10）；

❖传输速率：100 Mb/s；

❖连接电缆：YCB301（同轴电缆）；

❖传输距离：YCB301（10 m）。

④ER BUS。I/O 通讯 BUS，用于 FCU 处理器与远程 Node 间的连接。以下是其相关数据：

❖最大连接设备：1 个 Local Node 最多连接 4 条 ER BUS；1 条 ER BUS 线上最多连接 8 个 Remote Node（当使用 AFG，选用远程 Node 扩展数据库时，15Node/FCU）；

❖传输速率：10 Mb/s；

❖连接电缆：YCB141/YCB311（同轴电缆）；

❖传输距离：YCB141（185 m）；YCB311（500 m）；混合连接时，0.4×YCB311 + YCB141≤185 m；

❖最大连接设备：1 条 ER BUS 上最多连接 8 个 Remote Node；1 个 Local Node 最多连接 4 条 ER BUS。

2. FCS 控制站的种类

FCS 控制站种类如图 3-2 所示。

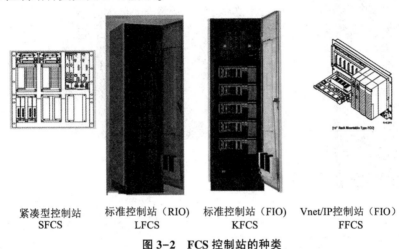

| 紧凑型控制站 | 标准控制站（RIO） | 标准控制站（FIO） | Vnet/IP控制站（FIO） |
| SFCS | LFCS | KFCS | FFCS |

图 3-2　FCS 控制站的种类

3. 控制站部件

FCS 是由控制器单元(FCU)和 I/O 单元组成，如图 3-3 所示。

（1）FCU(控制器单元)

①CPU 卡件及供电卡。主要完成控制计算的功能。在处理器卡件上包括一个 CPU 和电源的监视功能，如果出现任何异常情况，处理器卡件通过外部接口卡件向电源分配板的报警输入/输出端子输出一个触点进行报警。CPU 及其供电卡采用双冗余型配置，即 2 个 CPU 和 2 个电源卡互相备份。万一有一路出现故障，系统将自动扰动地切换到备用 CPU 卡或备用电源上继续完成控制任务。

②电池组。在断电情况下，电池组为 CPU 主存储器提供备用电源，通常可以维持 72 h 数据不丢失，但电池的使用寿命取决于环境温度：平均环境温度小于 30 ℃，电池可用 3 年；平均环境温度小于 40 ℃，电池可用 1.5 年；平均环境温度小于 50 ℃，电池可用 9 个月。

③通讯耦合器(或称连接器)。通讯耦合器又称 V 网耦合器，在 FCS 冗余型配置的双套 VL 网耦合器位于 VL 网通讯总线与 CPU 卡件之间，具有信号隔离和电平转换功能。

④FIO 总线接口卡件。其主要用于完成控制站与输入/输出卡件之间的通讯。

⑤FIO 总线耦合器。其用于对 FIO 总线上的信号进行调制和解调。

⑥外部接口单元。外部接口单元的自检信号可以通过电源分配板上的触点输出。如

果处理器风扇的转速出现异常，相应的风扇指示灯变为红色。在该卡件上有以下 5 个电源保险丝。RL1：左侧 CPU 准备就绪触点继电器保险；RL2：风扇转速控制信号继电器保险；RL3：右侧 CPU 准备就绪触点继电器保险；N1：左侧风扇电源保险丝；N2：右侧风扇电源保险丝。

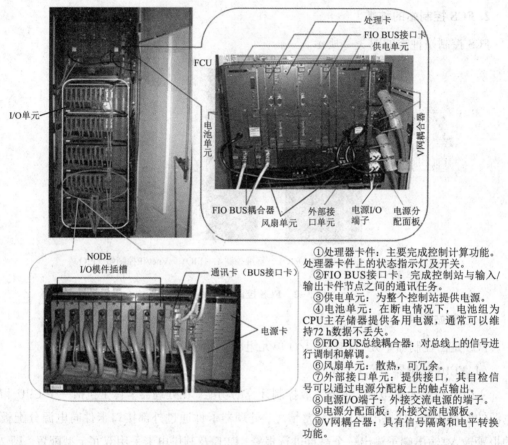

①处理器卡件：主要完成控制计算功能。处理器卡件上的状态指示灯及开关。
②FIO BUS接口卡：完成控制站与输入/输出卡件节点之间的通讯任务。
③供电单元：为整个控制站提供电源。
④电池单元：在断电情况下，电池组为CPU主存储器提供备用电源，通常可以维持72 h数据不丢失。
⑤FIO BUS总线耦合器：对总线上的信号进行调制和解调。
⑥风扇单元：散热，可冗余。
⑦外部接口单元：提供接口，其自检信号可以通过电源分配板上的触点输出。
⑧电源I/O端子：外接交流电源的端子。
⑨电源分配面板：外接交流电源板。
⑩V网耦合器：具有信号隔离和电平转换功能。

图 3-3　控制站示意图

（2）I/O 单元

各种输入输出卡件，用于连接现场各设备，包括变送器、调节阀、通讯卡 RS-232等。I/O 单元如图 3-3 所示。

（3）卡件接线方式

卡件接线方式如图 3-4 所示。

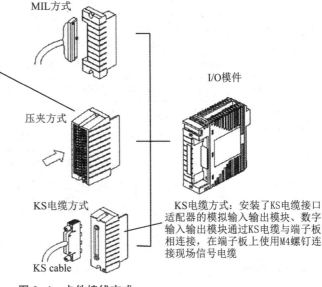

MIL方式：安装压紧端子块的模拟输入输出模块、数字输入输出模块可以将现场用信号电缆直接连接到模块上。信号电缆在剥去绝缘层的状态下可以直接与端子块连接。各输入输出通道可以连接2条或3条信号电缆

KS电缆方式：安装了KS电缆接口适配器的模拟输入输出模块、数字输入输出模块通过KS电缆与端子板相连接，在端子板上使用M4螺钉连接现场信号电缆

图 3-4　卡件接线方式

4. 操作站部件

（1）VF701 卡

VF701 卡是置于 PCI 槽上的控制总线接口卡（如图 3-5 所示），用于将 PC 型 HIS 接入 Vnet。

图 3-5　操作站网卡的结构示意图

（2）操作员键盘

操作员键盘如图 3-6 所示。关于键盘的具体说明，见表 3-2。

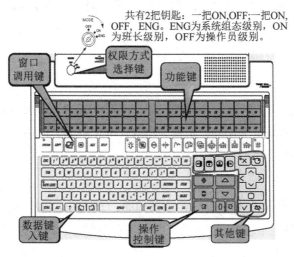

共有2把钥匙：一把ON,OFF；一把ON,OFF，ENG。ENG为系统组态级别，ON为班长级别，OFF为操作员级别。

图 3-6　操作员键盘

表 3-2　键盘说明

功能键区	32 个功能键，可方便地调出流程图、仪表面板等操作和监视窗口；执行系统功能键的功能；针对批量趋势数据的启/停
窗口调用按键区	调出所需的各种不同的窗口界面，进行操作和监视
数据输入区	对各种所需项目的数据进行输入，如 SV 值、MV 值；直接输入工位号或其他窗口名称，可分别调出仪表面板和所需窗口界面
操作控制区	可进行手动、自动、串级切换，并对相应值进行更改
其他键	报警的确认和消音；信息的确认和删除；光标的移动；等等
权限方式选择键	操作员钥匙：只能在"ON"和"OFF"位置之间切换；工程师钥匙（ENG）：可以切换到任何位置上

5.相关概念

（1）域号（domain number）

域就是由 1 条 V 网连接的站的集合。域号用于识别 VL 网上的站，其定义范围为 1~16。通常情况下，工程项目或装置内涉及的所有站应分配同一域号，默认值为 1。

（2）站号（station number）

站号用于识别构成系统的每个主要硬件设备。如一个控制站或一个操作站，在 CS3000 系统中站号的设置范围扩大为 1~64。对于控制站部分，站号是依据控制站的个数，从 1 开始；对于 HIS 操作站，站号是依据操作站的个数，从最大值 64 开始。

（3）计算机名

计算机名又被称为 HIS 操作站站名，是 VL 网或 E 网上用于识别每台计算机的唯一名字。其定义方式为"HISddss"。其中"dd"是域号，"ss"是站号。例如，HIS0164 是指域号为 01、站号为 64 的一台计算机名。如果操作站上同时采用了 VL 网和 E 网，则 VL 网上的计算机名必须与 E 网上的计算机名相同。

6. 系统软件

（1）必备工具

必备工具有符合要求配置的计算机，CENTUM CS3000 Key Code File 许可协议软盘，CENTUM CS3000 Software Medium 光盘，CENTUM CS3000 Electronic Instruction Manual Medium 光盘。

（2）软件包构成

①操作监视软件包。包括标准操作监视功能；OPC 接口软件；报表软件包。

②工程组态软件包。包括标准组态功能；流程图组态；测试功能。

【实施与考核】

1. 实施流程

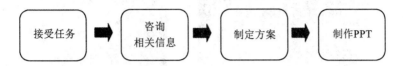

2. 考核内容

①掌握 CS3000 DCS 系统的硬件组成。

②掌握 CS3000 DCS 系统现场控制站的构成。

③认识 CS3000 DCS 系统常见的几种卡件。

④认识 CS3000 DCS 过程控制网络的相关硬件。

⑤掌握 CS3000 DCS 系统软件的组成。

任务二　系统硬件选型及安装

【任务描述】

要求根据表 3-1 正确统计出日本横河 CS3000 的测点清单，并选择合适的卡件，进行相关的统计(适当留有余量)，从而确定控制站及操作站的规模并进行硬件的安装。

【必备知识】

1. 系统总体规模

①最小系统：1 个 HIS 和 1 个 FCS。

②最大系统：64 站/域，其中 HIS 最多 16 个(超过 8 个要加服务器)。

2. 控制站规模

CS3000 的控制站类型分为 12 种，根据不同的设计系统来选用。

①选用 FFCS 型控制站，如图 3-7(1)所示。型号包括 AFV10S(现场控制单元)和 AFV10D(双重化现场控制单元)。

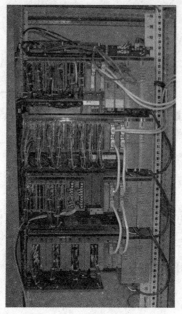 

（1）FFCS 控制站　　　　　　　　（2）KFCS 控制站

图 3-7　控制站

1 个 FCS 最多带 3 个 Node（节点），若订购 LSS1530 可扩展到 15 个（本地+远程），其中本地最多 10 个。

②选用 FIO 总线型，即 KFCS 型控制站，如图 3-7（2）所示，型号包括 FS40S，AFS40D。

1 个 FCS 最多带 10 个 Node（节点），其中最多 9 个远程 Node。

3. I/O 单元规模

每个节点上可插入 8 个输入/输出模件（input/output module，IOM），每个节点上配置了冗余的电源卡和通讯卡。节点分为本地节点（EB401）和远程节点（EB501）。

①选用 FFCS 型控制站，当连接一个本地节点到 FCU（现场控制单元）时，FCU 上必须安装 ESB 总线耦合器模块（EC401）。EC401 必须安装在第 7 插槽和第 8 插槽。如果是单 ESB 总线，EC401 必须安装在第 7 插槽，同时第 8 插槽必须为空。FFCS 配置如图 3-8 所示。

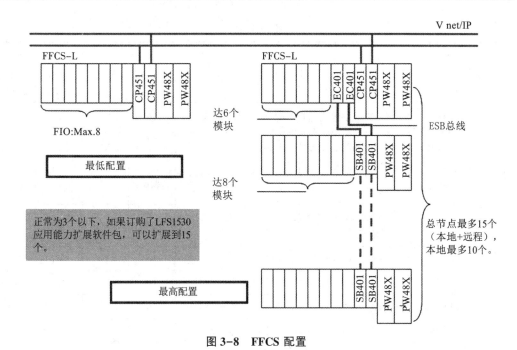

图 3-8　FFCS 配置

②选用 KFCS 型控制站。

每个节点上可插入 8 个输入/输出模件(IOM)，每个节点上配置了冗余的电源卡和通讯卡。KFCS 配置如图 3-9 所示。

图 3-9　KFCS 配置

4. I/O 模件类型

FIO 型的所有模拟量卡件均可实现双重化，数字量卡件也可实现双重化。常用的 I/O模件类型见表 3-3。

表 3-3　常用的 I/O 模件类型

模件名称		模件性能	I/O 点数	信号连接方式		
				压接端子	KS 电缆	MIL 电缆
模拟 I/O 信号						
电流	AAI141	4~20 mA 电流输入，非隔离	16	√	√	√
	AAI143	4~20 mA 电流输入，隔离(系统和现场)	16	√	√	√

表 3-3(续)

模件名称		模件性能	I/O 点数	信号连接方式		
				压接端子	KS 电缆	MIL 电缆
电流	AAI543	4~20 mA 电流输出，隔离(系统和现场)	16	√	√	√
	AAI135	4~20 mA 电流输入，通道隔离	8	√	√	√
	AAI841	4~20 mA 电流输入/4~20 mA 电流输出，非隔离	8/8	√	√	√
	AAI835	4~20 mA 电流输入/4~20 mA 电流输出，通道隔离	4/4	√	√	√
电压	AAV141	1~5 V 电压输入，非隔离	16	√	√	√
	AAV142	-10~10 V 电压输入，非隔离	16	√	√	√
	AAV144	-10~10 V 电压输入，隔离(系统和现场)	16	√	√	√
	AAV544	-10~10 V 电压输出，隔离(系统和现场)	16	√	√	√
	AAV542	-10~10 V 电压输出，非隔离	16	√	√	√
	AAB841	1~5 V 电压输入/4~20 mA 电流输出，非隔离	8/8	√	√	√
脉冲	AAP135	0~10 kHz 脉冲输入，通道隔离	8	√	√	√
	AAP149	0~6 kHz 脉冲输入，非隔离	16	—	√	—
小电信号	AAT141	TC/mV 输入(TC：JIS R,J,K,E,T,B,S；N/mV：-100~150 mV)，隔离(系统和现场)	16	√	—	√
	AAR181	RTD 输入(RTD：JIS Pt100Ω)，隔离(系统和现场)	12	√	—	√
	AAT145	TC/mV 输入(TC：JIS R,J,K,E,T,B,S；N/mV：-100~150 mV)，通道隔离	16	—	√	—
	AAR145	RTD/POT 输入(RTD：Pt100 Ω；POT：0~10 kΩ)，通道隔离	16	—	√	—
数字 I/O 信号						
通用	ADV151	接点输入，24 V DC，可双重化	32	√	√	√
	ADV161	接点输入，24 V DC，可双重化	64	—	√	√
	ADV551	接点输出，24 V DC，可双重化	32	√	√	√
	ADV561	接点输出，24 V DC，可双重化	64	—	√	√
	ADV157	接点输入，24 V DC	32	√	—	—
	ADV557	接点输出，24 V DC	32	√	—	—
AC 输入	ADV141	AC 输入，100~120 V，可双重化	16	√	√	—
	ADV142	AC 输入，220~240 V，可双重化	16	√	√	—

表 3-3(续)

模件名称		模件性能	I/O 点数	信号连接方式		
				压接端子	KS 电缆	MIL 电缆
继电器输出	ADR541	继电器输出，(24~100 V DC,100~200 V AC)，可双重化	16	√	√	—
CENTUM-ST 兼容型	ADV859	输入/输出，各点隔离，(ST2)	16/16	—	√	—
	ADV159	输入，各点绝缘，(ST3)	32	—	√	—
	ADV559	输出，各点隔离，(ST4)	32	—	√	—
	AVD869	输入/输出，16 点公用隔离，(ST5)	32/32	—	√	—
	ADV169	输入，16 点公用隔离，(ST6)	64	—	√	—
	ADV569	输出，16 点公用隔离，(ST7)	64	—	√	—

5.拨号开关设置

(1) FCS 命名规则

对于 FCS 域号与站号，其中域号在 01~16 间设置。当只有一个域，域号一般设置为 01。一般控制站从 01 号开始递增设置。如 CS3000 系统只有一个域 01，一台控制站 FCS0101，表示该站为 01 号域的 01 号控制站。域号和站号一经设置就不能改变。

地址设置：FCS 在接入 V 网前必须事先正确地设置好地址。其硬件地址是在现场控制单元 FCU 背面的 DIP 开关上来设置的，如图 3-10 所示。

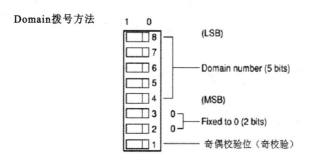

Domain number	1	2	3	4	5	6	7	8	9	10	11	12	13	14	15	16
Bit 8	1	0	1	0	1	0	1	0	1	0	1	0	1	0	1	0
Bit 7	0	1	1	0	0	1	1	0	0	1	1	0	0	1	1	0
Bit 6	0	0	0	1	1	1	1	0	0	0	0	1	1	1	1	0
Bit 5	0	0	0	0	0	0	0	1	1	1	1	1	1	1	1	0
Bit 4	0	0	0	0	0	0	0	0	0	0	0	0	0	0	0	1
Bit 3	0	0	0	0	0	0	0	0	0	0	0	0	0	0	0	0
Bit 2	0	0	0	0	0	0	0	0	0	0	0	0	0	0	0	0
Bit 1	0	1	0	1	0	1	1	0	1	0	1	1	0	1	0	1

图 3-10 域号的设置

（2）HIS 命名规则

对于 HIS 域号与站号，其中域号设置与 FCS 相同，站号为 01~64 的数字。一般操作站从 64 号开始递减设置，如 HIS0164 表示 01 域的 64 号操作站。域号和站号一经设置就不能改变。

CS3000 系统共配置了 5 台操作站 HIS0160~HIS0164。其中 HIS0160~HIS0163 为操作员站，HIS0164 为工程师站。

地址设置：HIS 在接入 V 网前必须事先正确地设置好地址。其硬件地址是用 VF701 卡上的 DIP 开关来设定的，如图 3-11 所示。

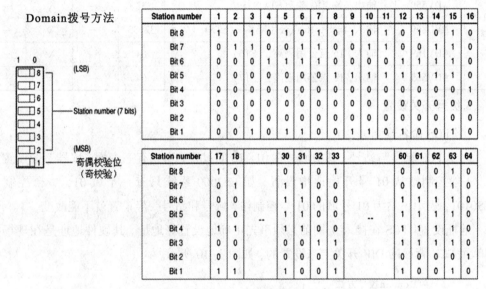

图 3-11　站号的设置

（3）需要设置拨号开关的硬件

①FCU 域号地址范围为 1~16；站号地址范围为 1~64。

②VF701 域号地址范围为 1~16；站号地址范围为 1~64。

③SB401 地址范围为 1~10。

④EB501 地址范围为 2~15。

6. 网络设置

域号和站号软件组态是在用户创建相应站时指定的，该地址必须与用户设定的该站硬件地址相一致。

（1）E 网（Ethernet）

E 网通过双绞线网线和 HUB 连接而成。其冗余控制总线 BUS1，BUS2 均采用同轴电缆。

E 网采用双重冗余配置，形成了两条总线 BUS1 和 BUS2 来完成通讯任务，当一条总线通讯失败时，另一条总线将接管通讯任务，网络中不用的端口须装 50 欧姆终端电阻。

FCS 与 HIS 在 E 网上的网络地址确定规则为"172.17.域号.站号"。其中，172 是系统固定使用的，17 表示总线类型是 E 网，不能更改。

如：FCS0101 在 E 网上的 IP 地址为"172.17.1.1"，HIS0164 在 E 网上的 IP 地址为"172.17.1.64"。

（2）V 网（Vnet）

V 网连接控制站与操作站，实现控制站与操作站之间的数据交换。

FCS 与 HIS 在 V 网上的网络地址确定规则为"172.16.域号.站号"。其中，172 是系统固定使用的，16 表示总线类型是控制总线，不能更改。

如：FCS0101 在 V 网上的 IP 地址为"172.16.1.1"，HIS0164 在 V 网上的 IP 地址为"172.16.1.64"。

若计算机名为 HIS0164，则 IP 地址为"172.16.1.64"（V 网）、"172.17.1.64"（E 网），子网掩码为"255.255.0.0"。

【实施与考核】

1. 实施流程

接受任务 → 咨询相关信息 → 制定方案 → 控制站机柜安装 → 操作站安装 → 网络连接与设置 → 验收

2. 考核内容

（1）选择合适的 I/O 卡件

根据测点选择合适的 I/O 卡件如表 3-4 所列。

表 3-4　根据测点选择合适的 I/O 卡件

序号	位号	描述	I/O	类型	备注	选择卡件
1	PI102	原料加热炉烟气压力	AI	4～20 mA 隔离	双重化	
2	LI101	原料油储罐液位	AI	4～20 mA 隔离	双重化	
3	FI001	加热炉原料油流量	AI	4～20 mA 隔离	双重化	
4	FI104	加热炉燃料气流量	AI	4～20 mA 隔离	双重化	
5	TI106	原料加热炉炉膛温度	TC	K 隔离		
6	TI107	原料加热炉辐射段温度	TC	K 隔离		
7	TI102	反应物加热炉炉膛温度	TC	K 隔离		
8	TI103	反应物加热炉入口温度	TC	K 隔离		
9	TI104	反应物加热炉出口温度	TC	K 隔离		
10	TI108	原料加热炉烟囱段温度	TC	E 隔离		

表 3-4(续)

序号	位号	描述	I/O	类型	备注	选择卡件
11	TI111	原料加热炉热风道温度	TC	E 隔离		
12	TI101	原料加热炉出口温度	RTD	Pt100 隔离		
13	PV102	加热炉烟气压力调节	AO		双重化	
14	FV104	加热炉燃料气流量调节	AO		双重化	
15	LV1011	1 号冷凝器液位 A 阀调节	AO		双重化	
16	LV1012	1 号冷凝器液位 B 阀调节	AO		双重化	
17	KI301	泵开关指示	DI			
18	KI302	泵开关指示	DI			
19	KI303	泵开关指示	DI			
20	KI304	泵开关指示	DI			
21	KI305	泵开关指示	DI			
22	KI306	泵开关指示	DI			
23	KO302	泵开关操作	DO			
24	KO303	泵开关操作	DO			
25	KO304	泵开关操作	DO			
26	KO305	泵开关操作	DO			
27	KO306	泵开关操作	DO			
28	KO307	泵开关操作	DO			

(2)测点统计

根据《测点清单》进行测点统计,并填写表 3-5。

表 3-5 测点统计

信号类型		点数	卡件型号	卡件数目
模拟量信号	电流信号			
	热电阻信号			
	热电偶信号			
	模拟量输出信号			
开关量信号	开关量输入信号			
	开关量输出信号			

（3）I/O 模块分配

根据硬件选型及数目的确定，设计《I/O 模块分配表》并填写表 3-6。

表 3-6　I/O 模块分配表

	IO1	IO2	IO3	IO4	IO5	IO6	IO7	IO8	B1	B2	P1	P2
FFCS 方式												
	IO1	IO2	IO3	IO4	IO5	IO6	IO7	IO8	B1	B2	P1	P2
	IO1	IO2	IO3	IO4	IO5	IO6	IO7	IO8	B1	B2	P1	P2
KFCS 方式												
	IO1	IO2	IO3	IO4	IO5	IO6	IO7	IO8	B1	B2	P1	P2

任务三　软件的安装及创建工程

【任务描述】

安装日本横河 CS3000 组态软件，创建一个加热炉项目，建立 1 个 FCS 和 3 个 HIS。

【必备知识】

1. 安装前的确认工作

在安装前应执行下列步骤。

①安装 CS3000 软件前重新启动 PC 机。

②如果正在运行病毒保护或其他驻留内存的程序，则退出运行。

③重新启动 PC 后，登录到管理员账户。

④虚拟内存指定。Windows 2000/XP 安装完毕，以计算机管理员身份（administrator）登录，指定虚拟内存大小，一般操作监视指定 300 MB，工程组态指定 400 MB。具体步骤如下：进入"控制面板"，双击"系统" → 进入"系统特性"，选择"高级" → 点击"性能选项（P）" → 点击"更改"，将初始大小和最大值均改为 300 MB 或 400 MB，点击设置、确

认→ 虚拟内存设置结束。

⑤计算机名(站名)。计算机名是 Windows 网络用于识别每一台计算机的标志,计算机名和站名是一致的。

2. 安装软件

媒体准备: CS3000 系统光盘 1 张; CS3000 电子资料光盘 1 张; Keycode 软盘。

①将 Keycode 软盘插入驱动器。

②将 CS3000/CS1000 光盘插入 CD-ROM 驱动器。

③运行 Windows 浏览器,并在"CENTUM"目录下双击"SETUP","Welcome"对话框将随之出现。点击"Next"或按"Enter"键。

④选择软件安装的目标路径。缺省路径为"C:\CS3000"(对于 CS1000 系统为"C:\CS1000",可使用"Browse"按钮来更改)。

⑤点击"Next"或按"Enter"键,出现用户注册对话框,输入用户名和组织名。

⑥点击"Next"或按"Enter"键,出现一个输入 ID 号的对话框。然后,输入系统提供的 ID 号。如果是系统升级,则无须 ID 号。接下来,点击"Next"或按"Enter"键,显示已安装的软件列表。

⑦点击"Next"或按"Enter"键,显示一个对话框,询问是否有另一张 Keycode 软盘。点击"No",或按"Enter"键,显示一个要安装的软件列表。

如果电子文档许可被添加到 Keycode 中,则会出现一个对话框,提示更换另一张光盘(电子手册)。依照提示更换光盘,屏幕出现安装确认对话框,选择"Yes",开始安装电子手册,这个过程大概需要 10 分钟。

⑧安装完成后,出现一个对话框,询问是否还要进行 CS3000/CS1000 的安装。

如果无须进行下一步安装,则点击"No",或按"Enter"键。如果有必要,则将 CD 插入 CDROM 驱动器并单击"Yes"。

⑨出现一个确认对话框,询问是否需要操作键盘。如果需要,则选择"Use operation keyboard"并选择操作键盘 COM 口(COM1 或 COM2),并按"Next"或"Enter"键;如果不需要,则直接按"Next"或"Enter"键。该步骤进行的设置也可在 HIS Utility 中修改或设置。

⑩出现一个系统参照数据库的对话框,输入操作和监视功能使用的数据库所在的计算机名。一般情况下,该数据库在组态计算机中。点击"Next"或按"Enter"键,出现一个提示对话框,提示安装 Microsoft Excel。该对话框在安装报表软件包时,或在安装报表软件前未安装 Microsoft Excel 时会出现。

⑪按"OK"键,显示安装 Acrobat Reader 软件的提示对话框。该对话框仅在安装了"electronic document"(电子文档)时出现。

⑫按"OK"键,显示一个对话框,通知安装结束并提醒你:取出软盘和光盘,重新启

动。依照提示取出软盘和光盘并点击"Finish"或按"Enter"键，安装结束。

3. 卸载软件

①右键单击"我的电脑"，选"管理""共享"，删除"CS3000""centumvp"文件夹。

②在 C 盘目录下，分别打开"CS3000"和"centumvp"文件夹，双击"UNINST"即可卸载。

③重新启动电脑，打开 C 盘，删除"CS3000""centumvp"文件夹。

注意事项：CS3000 安装完成后，在 CS3000 目录下，有一卸载指令（UNINST），直接使用这一文件进行卸载，将无法彻底卸载，解决方法如下：进入计算机"控制面板"→"管理工具"→"服务"→将所有前边带"BK"的服务全部关闭，再执行卸载指令（UNINST）；卸载指令执行完后，人工删除未删除的文件夹即可。

4. 创建 FCS 和 HIS

①选择"开始/所有程序/YOGOKAWA CENTUM/System View"，打开组态软件。

②选中"System view"并单击鼠标右键，弹出菜单，在 CREATE NEW 中点击 PROJECT，生成新项目。在弹出的 Outline 对话框中的 Project Information 中填写工程信息，点击确定，弹出 Create New Project 窗口。在 Project 处输入项目名称，注意项目名称必须使用大写字母；在 Position 处选择工程的存储路径。

③新 PROJECT 生成完毕后，会自动弹出 CREATE NEW FCS 对话框。在 Station Type 处根据现场具体硬件型号选择对应的 FCS 类型，Staion Address 处根据 FCS 实际的域地址和站地址设置 Domain Number 和 Station Number，点击确定，弹出提示"Not entered to start number of user-defined block-with-data, OK?"，点击"是"，即完成新 FCS 的建立。

④新建 FCS 生成完毕后，会自动弹出 CREATE NEW HIS 对话框。Staion Address 处默认选择"PC With Operation and monitoring functions"；设置好域地址和站地址，点击确定，即完成新 HIS 的建立。

5.在新项目下生成 COMMON, FCS0101, HISO1643 个文件夹

①COMMON：组态内容有工厂分级、站构成、总貌、安全性、工程单位符号、开关状态标签、系统固定状态字符串总貌、模块状态定义、报警状态定义、报警过程目录、报警属性、状态改变指令字符串、操作标记。

②FCS0101：现场控制站 FCS 的组态内容包括构成、顺序控制文库、输入输出插件、开关、信息、功能模块和显示。其中"顺序控制文库"含有 SEBOL 用户功能、SFC 顺序控制、单元程序等组态内容。"功能模块"含有控制图等组态内容。"显示"含有逻辑图表等组态内容。

③HIS0164：组态内容包括构成、窗口和帮助。"构成"含有功能键登记、顺序信息请求、HIS 常数、画面设置、调度表、趋势笔登记定义等组态内容。"窗口"含有分组窗口、

流程图窗口、综观窗口和趋势窗口等组态内容。

【实施与考核】

1. 实施流程

接受任务 → 咨询相关信息 → 制定方案 → 软件安装与删除 → 创建项目 → 验收

2. 考核内容

(1)软件安装

软件安装步骤如图 3-12 所示。

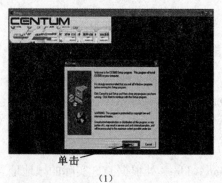

(1)

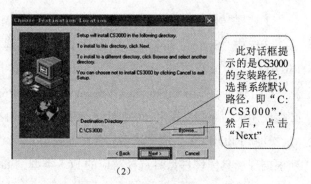

此对话框提示的是CS3000的安装路径，选择系统默认路径，即"C:/CS3000"，然后，点击"Next"

(2)

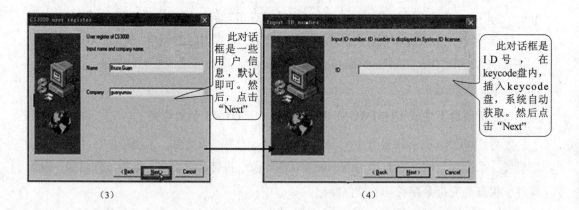

此对话框是一些用户信息，默认即可。然后，点击"Next"

此对话框是ID号，在keycode盘内，插入keycode盘，系统自动获取。然后点击"Next"

(3)　　　　　　　　　　　　　(4)

此对话框是问是否还有其他的ID号，若有点"YES"，若没有点"NO"。出现下面的对话框，表示授权成功，然后，点击"Next"

（5）

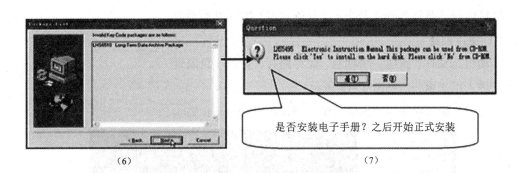

是否安装电子手册？之后开始正式安装

（6）　　　　　　　　　　　（7）

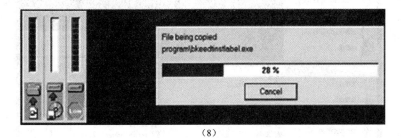

（8）

换盘，然后继续点击"Next"

操作员键盘选择，虚拟仿真则不选此项，然后点击"Next"即可

（9）　　　　　　　　　　　（10）

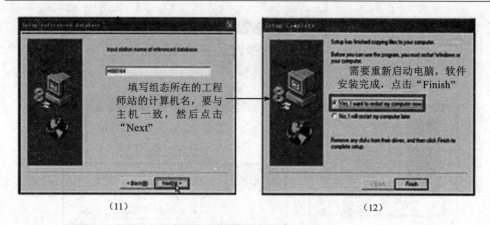

（11）　　　　　　　　　　　　　　　　　　　　（12）

图3-12　软件安装步骤

（2）软件删除

软件删除的具体操作见任务三【必备知识】中"3.卸载软件"。

（3）项目创建

启动组态文件，新建一个项目，保存路径，更改项目属性。

①进入组态窗口，如图3-13所示。

路径：开始→程序→YOKOGAWA CENTUM→System View。

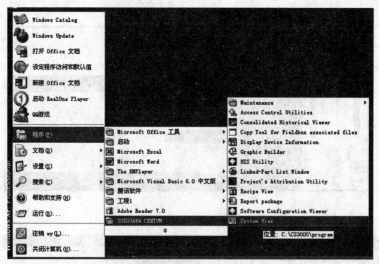

图3-13　组态窗口

②新建一个项目，保存路径，更改项目属性，新建项目步骤如图3-14所示。

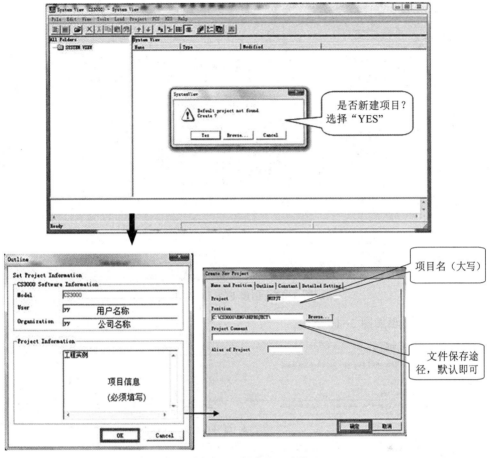

图 3-14 新建项目步骤

③创建 FCS, 如图 3-15 所示。

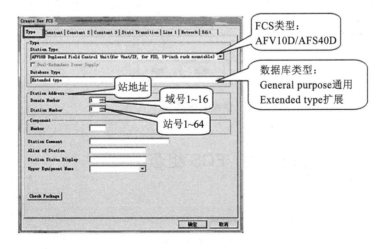

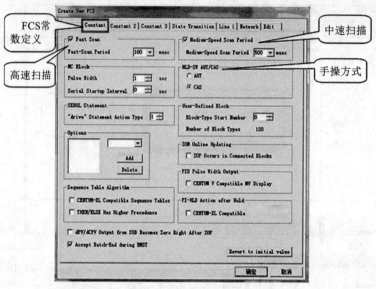

图 3-15　创建 FCS 步骤

④创建 HIS 步骤如图 3-16 所示。

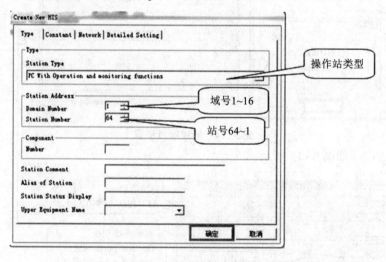

图 3-16　创建 HIS 步骤

任务四　FCS 组态

【任务描述】

对控制站进行组态是指对系统硬件和控制方案的组态，主要包括 I/O 组态、FCS 公共项组态、控制方案等几个方面。

【必备知识】

1. 项目属性设置

路径：开始→程序→YOKOGAWA CENTUM→Project's Attribution Utility。项目属性的差别如表 3-7 所列。

表 3-7 项目属性的差别

项目属性的差别	默认 Default	当前 Current	用户定义 User-defined
当 System View 启动的时候，首次创建	是	—	—
带有 FCS 模拟器的虚拟测试	是	—	是
能下载到目标系统 FCS	是，但离线	是，但在线	—
能下载到 HIS	是	是	
当任何一个创建在默认工程下的 FCS 成功下载后，其项目属性会转变成当前项目	—	是	—
在 System View 下能创建多用户定义工程	—	—	是
不能下载到目标系统 FCS 或 HIS	—	—	是

2. COMMON 公共项组态

（1）用户安全级别的定义

主要是定义用户的安全级别，以及不同的群具备的操作监视功能和不同安全级别在操作监视中的区别。

路径：MYPJT→COMMON→UserSec。定义 HIS 的不同用户名的登录权限、新增用户名等，密码可在 HIS 界面进行设置，默认密码为空，如图 3-17 所示。

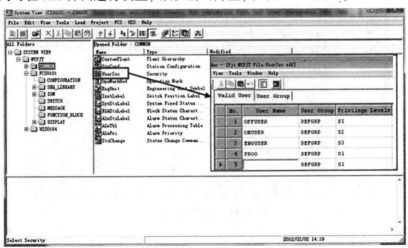

图 3-17 用户安全级别定义

①OFFUSER。操作工,它具有最低的权限 S1,通常只能进行监视。

②ONUSER。操作班长,它的权限高于操作工,为 S2,可以进行操作和监视,可设密码。

③ENGUSER。工程师,它的权限是最高的 S3,除能进行 S2 权限的操作之外,还可以进行维护的操作。

④PROG。它是用于读取其他用户程序的一种身份,只具有 S1 级别,在平时没有应用。

(2)操作标记定义

对操作标记的名称、颜色、安全级别等进行定义,以便于在操作仪表面板上选择操作标记。在工厂操作过程中,贴上操作标记可以临时改变写存取权限。

路径:MYPJT→COMMON→OpeMarkDef,如图 3-18 所示。

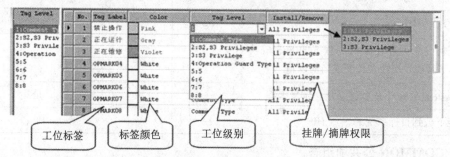

图 3-18 操作标记定义

(3)工程单位设置

工程单位设置如图 3-19 所示。其中,1~8 号工程单位不能改变或删除;9~126 号工程单位为系统预先定义的默认值。

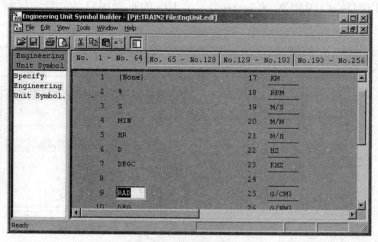

图 3-19 工程单位设置

3. FCS 公共项指定

路径：MYPJT→FCS0101→CONFIGURATION→StnDef，如图 3-20 所示。

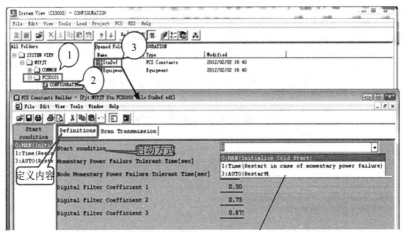

0：手动，瞬间停电复位后，FCS本身的处理程序重新开始，所有仪表和调节状态变为手动。
1：时间，停电时间小于设置时间，以自动方式启动；反之，手动启动。
3：自动，继续停电前的状态运行。

图 3-20　FCS 公共项指定

4. Node (节点) 组态

需要创建几个 Node，须根据现场的实际情况而定。路径：MYPJT→FCS0101→IOM→File/右键→Create New→Node，如图 3-21 所示。其中，Node 类型定义：Type：Local（本地节点）；Remote（远程节点）。系统的第一个节点一定是本地节点。定义完成，点击"确定"。

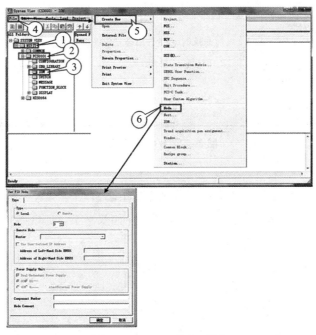

图 3-21　Node (节点) 组态

需要注意的是，当使用 80W 的电源单元时，最多能让 6 个能够提供电力给现场变送器的模块安装在 1 个节点单元上。

5.I/O 卡件组态

各个 Node 创建完成后，就要为各个 Node 添加与现场相对应的卡件。

路径：MYPJT→FCS0101→Node1→File/右键→Create New IOM，如图 3-22 所示。

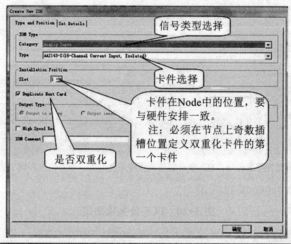

图 3-22　I/O 卡件组态

6. I/O 点组态

对选择的每个 I/O 卡件内的 I/O 点分别进行组态。

路径：FCS0101→Node1→双击要组态的卡件(如双击 1AAI143-S)，如图 3-23 所示。

模拟输入量定义，全部定义好后要保存。

（1）

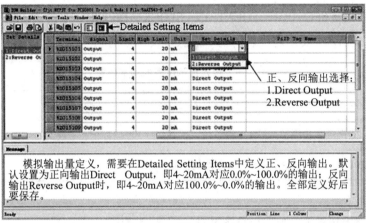

正、反向输出选择：
1.Direct Output
2.Reverse Output

模拟输出量定义，需要在Detailed Setting Items中定义正、反向输出。默认设置为正向输出Direct　Output，即4~20mA对应0.0%~100.0%的输出；反向输出Reverse Output时，即4~20mA对应100.0%~0.0%的输出。全部定义好后要保存。

（2）

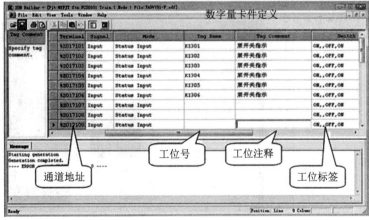

工位号　　工位注释

通道地址　　　　　工位标签

（3）

图3-23　I/O 点组态

通道地址含义:

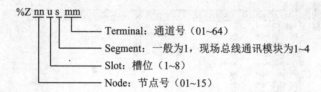

例如: 输入信号来自 Node01→第一个卡件→第三通道,则地址为:%Z011103。

7. 功能块组态

(1)输入指示仪表(PVI)

输入指示仪表用于接收来自 I/O 卡件或者其他仪表的信号,作为过程值(Pv)进行显示。

路径:MYPJT→FCS0101→FOUNTION_ BLOCK→DR0001,双击进入组态画面,详细操作如图 3-24 所示。要创建仪表的基本信息如表 3-8 所列。

表 3-8   输入指示仪表的基本信息

仪表位号: FI-1100	仪表量程: 0~5000	输入转换: 无	累计: HOUR
工位注释:蒸汽流量检测	工程单位: m³/h	工位标记:一般	仪表级别: 3 级

通道地址:%Z011101(接收此模拟量输入卡件的信号)

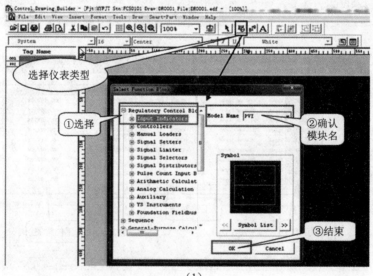

(1)

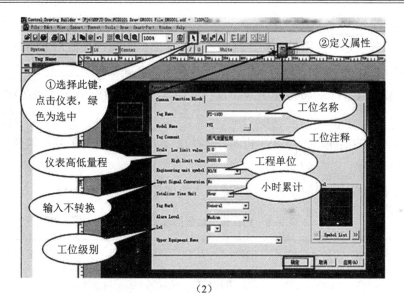

（2）

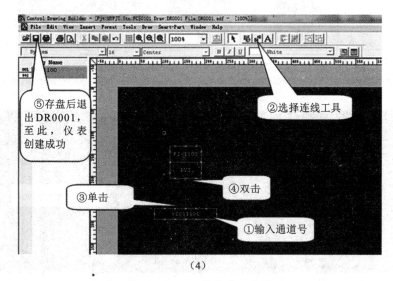

（4）

图 3-24　PVI 仪表建立步骤

（2）常规调节仪表（PID）

PID 调节仪表是最常用的一种控制功能块，它依据现场过程值（PV）和设定值（SV）之间的偏差，以比例—积分—微分的调节方式来满足控制需求。

路径：MYPJT→FCS0101→FOUNTION_ BLOCK→双击"DR0001-DR0200"进入组态画面。

单回路创建的前期操作与 PVI 相同：选择仪表类型，填写仪表基本属性。之后的操作如图 3-25 所示。

控制要求：依据塔顶的压力来调节冷却水的进量，如表 3-9 所列。

表 3-9　PID 调节仪表的基本信息（1）

仪表位号：PIC-2210	工位注释：塔顶压力调节	控制作用：反作用
仪表量程：0.00~10.00	工程单位：MPa	

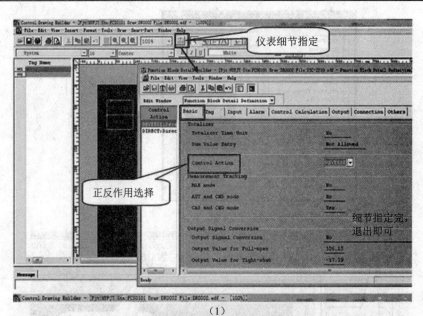

（1）

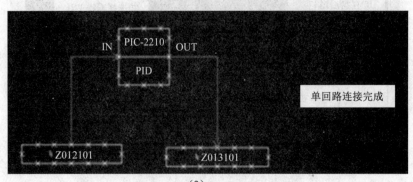

（2）

图 3-25　常规调节仪表（PID）单回路创建过程

（3）串级回路的创建

建立两个 PID 仪表 TIC-2000、TIC-2001 及相关卡件通道连接模块，PID 仪表及通道连接模块的设置方法同上。按下列方法进行连线即可，如图 3-26 所示。

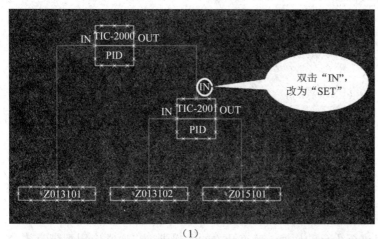

（1）

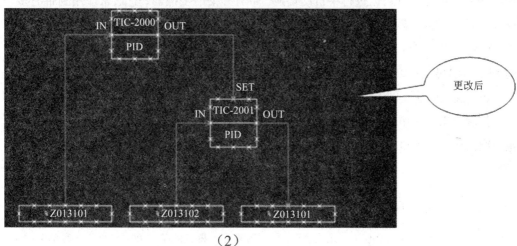

（2）

图 3-26　常规调节仪表（PID）串级回路创建过程

控制要求：将炉出口温度 T1 的调节输出作为炉膛温度 T2 的给定值，以此来操作调节阀的动作，通过改变燃料量，来保证炉膛的温度。如表 3-10 所列。

表 3-10　PID 调节仪表的基本信息（2）

仪表位号：TIC-2000	工位注释：	仪表位号：TIC-2001	工位注释：
（主回路）	燃料炉出口温度	（副回路）	燃料炉炉膛温度
仪表量程：0~500.0	控制作用：反作用	仪表量程：0~1200.0	控制作用：反作用
工程单位：℃		工程单位：℃	

进入主回路仪表 TIC-2000 的细节编辑，将其输出端的输出类型改为自定义，同时将

高低范围设置成与副回路 TIC-2001 的仪表量程一致，如图 3-27 所示。

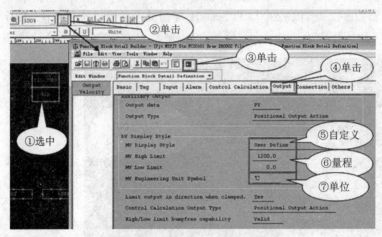

图 3-27　TIC-2000 的细节编辑

(4)手操器(MLD-SW)

MLD-SW 是一种可以进行手自动切换、带有开关的手操器。它通常应用到带有多个仪表的复杂回路的最底层输出。当其处于手动设定，直接输出到最终的控制器；当其处于"手动"状态且 MV 值是人为"自动/串级"状态时，它的 MV 值来源于上位仪表送给它的 CSV 再输出到最终的控制器。

PID 仪表的建立同上，MLD-SW 仪表建立如图 3-28 所示。

控制要求：现有一个单回路 PID 仪表，要求不将仪表的输出直接赋给输出通道，而是中间需要一个 MLD-SW 仪表进行转接。要创建仪表的具体要求见表 3-11 所列。

表 3-11　PID 调节仪表的基本信息(3)

仪表位号：HC-2006	工位注释：物料 2 调节阀	仪表量程：0.00~100.00	工程单位：%
上位仪表位号：PIC-2006(PID)	工位注释：压力调节	仪表量程：0.00~10.00	工程单位：MPa

(1)

(2)

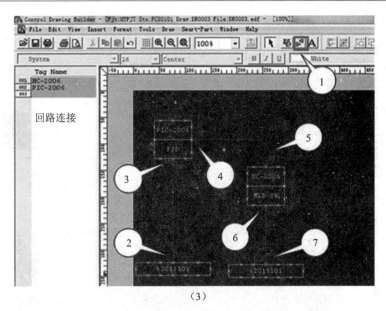

（3）

图 3-28 手操器（MLD-SW）建立

（5）比值设定仪表（RATIO）

该仪表广泛应用于物料配比等控制过程之中，其 MV 值是依据现场过程值 PV 和仪表的设定值 SV（即比值系数）来进行计算输出的。

分别建立 PVI，PID 仪表并设置相关属性，同上；RATIO 仪表建立如图 3-29 所示。

控制要求：物料 1 的仪表量程是 $0.0 \sim 100.0$ m^3/h，物料 2 的仪表量程是 $0.0 \sim 40.0$ m^3/h，物料 2 与物料 1 之间的配比是 $0.0 \sim 0.4$，物料 2 依据物料 1 进行进料量的调整，进而调节进料阀的开度。要创建仪表的基本信息见表 3-12 所列。

表 3-12 PATIO 仪表的基本信息

仪表位号：FI-1200（PVI）	工位注释：反应罐的物料 1 检测
仪表量程：0.00~100.00	工程单位：m^3/h
仪表位号：FIC-1300（PID）	工位注释：反应罐的物料 2 调节
仪表量程：0.00~40.00	工程单位：m^3/h
仪表位号：RAT-F1300（RATIO）	工位注释：反应罐的物料设定仪表
仪表量程：0.00~100.00	工程单位：m^3/h

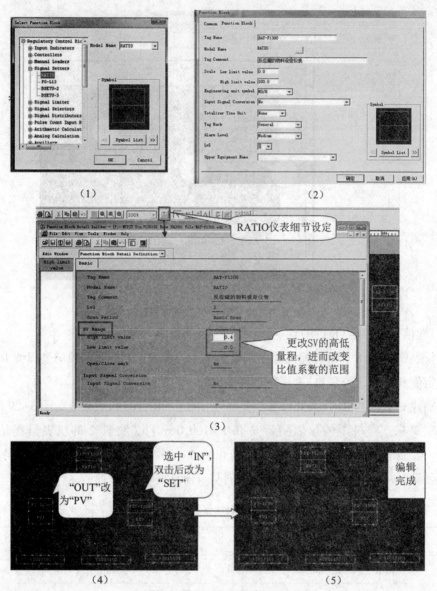

（1）　　　　　　　　　　　　（2）

（3）

（4）　　　　　　　　　　　　（5）

图 3-29　RATIO 仪表建立

（6）分程仪表（SPLIT）

分程功能块用于通过分配开关将上位的输出分成两路送给下位的控制回路。它可以在下位控制回路使用不同操作范围时应用，应用非常广泛。

分别建立两块 MLD-SW 仪表、一块 PID 仪表，并输入基本信息（表 3-13）。选择 SPLIT 的仪表类型，并进行基本信息的填写，如图 3-30 所示。

控制要求：上位压力仪表的调节输出在 0.0~50.0 的范围时，只有阀门 A 动作，阀门 B 全关闭的状态；当上位压力仪表的调节输出在 50.0~100.0 的范围时，阀门 A 保持全开状态，阀门 B 由全关到全开进行输出。这样就可以很好地控制蒸汽系统，得到所需的压力。

表 3-13 SPLIT 仪表的基本信息

仪表位号：FIC-1005(PID)	工位注释：蒸汽压力调节
仪表量程：0.00~10.00	工程单位：MPa
仪表位号：SPLIT-P1005(SPLIT)	工位注释：蒸汽压力分程仪表
仪表位号：MLDA-P1005 (MLD-SW)	工位注释：蒸汽压力调节阀 A
仪表位号：MLDB-P1005 (MLD-SW)	工位注释：蒸汽压力调节阀 B

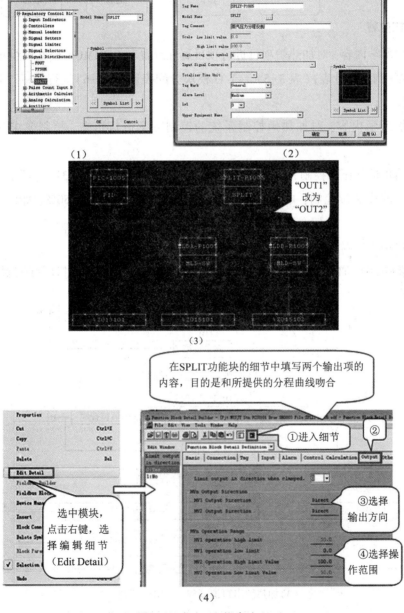

图 3-30 SPLIT 仪表建立

【实施与考核】

1. 实施流程

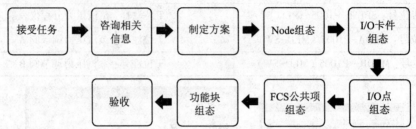

接受任务 → 咨询相关信息 → 制定方案 → Node组态 → I/O卡件组态 → I/O点组态 → FCS公共项组态 → 功能块组态 → 验收

2. 考核内容

①根据所学内容，对加热炉项目进行项目属性设置和 COMMON 公共项组态。

②根据《测点统计表》(表3-5)、《I/O 模块分配表》(表3-6)进行 Node、I/O 模块、I/O 点组态。

③根据所学内容，对加热炉控制系统的控制方案进行组态，控制要求如图 3-31 所示。

❖加热炉烟气压力控制，单回路 PID，回路名 PIC102，如图 3-31(1)所示。

❖原料油罐液位控制，单回路 PID，回路名 LIC101，分程点 50%，如图 3-31(2) 所示。

❖加热炉出口温度控制，串级控制，如图 3-31(3)所示。

内环：FICl04(加热炉燃料流量控制)；外环：TIC101(加热炉出口温度控制)。

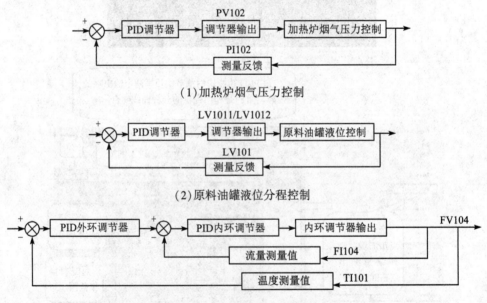

(1)加热炉烟气压力控制

(2)原料油罐液位分程控制

(3)加热炉出口温度控制，串级控制

图 3-31　加热炉控制系统的控制方案

任务五 HIS 组态

【任务描述】

要求学生用 CS3000 组态软件对加热炉控制系统进行 HIS 组态。其主要包括总貌画面、分组画面、趋势画面、流程图等几个方面。

【必备知识】

1. HIS 简介

HIS 是用于操作和监视的人机接口。HIS 画面也就是人工界面，它是操作人员所能操作监视的画面。通用 PC 型操作站必须要配备 VF701 卡，同时选配操作员键盘才能作为操作站使用。

2. CONFIGURATION（配置）

CONFIGURATION 如图 3-32 所示。

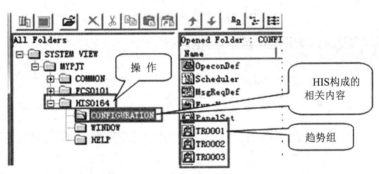

图 3-32 CONFIGURATION

（1）HIS 安全级别组态

HIS 安全级别组态如图 3-33 所示。

（2）功能键（function key）组态

功能键组态包括调用窗口，执行系统功能，启动、停止趋势采集，执行特定程序，执行多媒体功能，点亮操作员键盘灯，具体如图 3-34 所示。

路径：Project→HIS0164→CONFIGURATION→FuncKey。

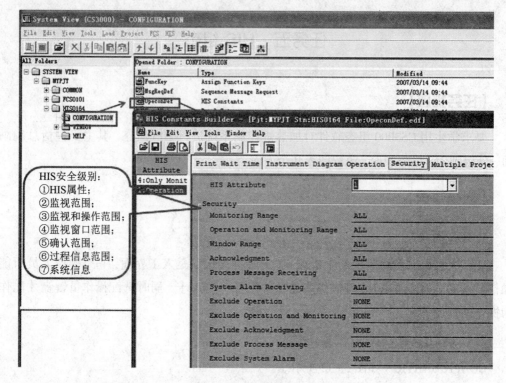

图 3-33　HIS 安全级别组态

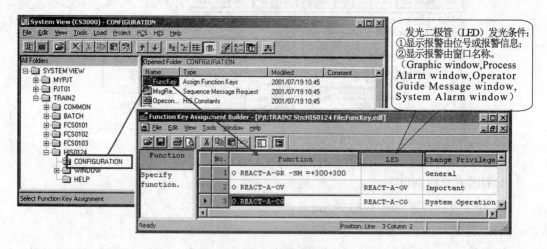

图 3-34　功能键组态

（3）顺控请求信息组态

顺序请求信息组态是由一个顺控表激活的。由控制站发出相应命令，在操作站上执行相应的动作。其可以实现的功能与功能键可实现的功能类似。顺控请求信息组态如图 3-35 所示。

路径：System View→Project→HIS0164→CONFIGURATION→MsgReqDef。

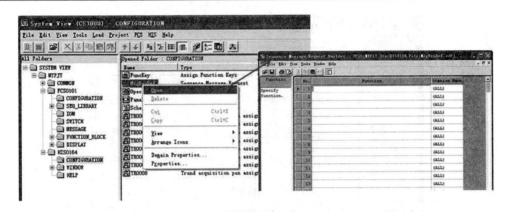

图 3-35 顺控请求信息组态

（4）趋势组的定义

趋势的记录功能，可以将采集到的温度、流量、压力等现场过程数据在 HIS 进行图形的显示，可以观察其变化曲线，这有益于现场安全高效的生产。

启动趋势窗口路径：System View → Project → HIS0164 → CONFIGURATION → 双击 TRnnnn。

新产生趋势块设置路径：System View→Project→HIS0164→Create New→Trend Acquisition Pen。

趋势组定义步骤如图 3-36 所示。

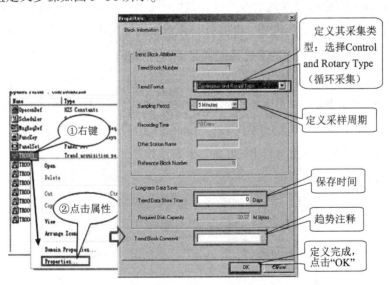

图 3-36 趋势组属性的定义

属性定义好后，双击趋势组进入组态界面，如图 3-37 所示。

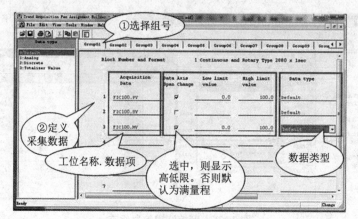

图 3-37　趋势组位号和数据类型定义

数据类型共有 4 种：

①Default：它的显示类型取决于仪表本身的数据类型；

②Analog type：将采集的数据以 0～100% 的形式进行显示；

③Discrete type：采集数字量的"ON/OFF"信号，显示区域定在趋势图的 6%；

④Totalizer value（模拟量）：将采集的累积数据以 0～100% 形式进行显示。

3. Window（窗口、画面）

（1）分组画面组态

在分组画面组态中可以直观地看到过程数据的变化，也可以进行简单的操作：手动、自动、串级的切换，设定值的改变。可以分为 8 个全尺寸仪表或 16 个半尺寸仪表，也可以利用混合型控制分组。其中的半尺寸面板是不允许操作的。

①建立一个新的控制分组（CG0002）。路径：MYPJT→HIS0164→Window（点击鼠标右键）→ Create New Window 进入下图画面，如图 3-38 所示。控制分组有 3 种窗口类型，分别是"Control（8-loop）"即全尺寸仪表、"Control（16-loop）"即半尺寸仪表、"Control Control（8-loop）"即混合型控制分组。其中，半尺寸仪表不可操作。需要注意的是，控制分组的窗口名称应以"CG"开关。

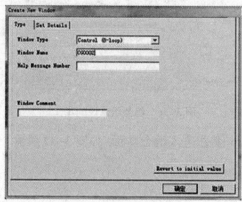

图 3-38　建立新的控制分组

②定义一个控制分组(CG0002)。双击进入刚才已经建立好的 CG0002，选择 8 块仪表面板的第 1 块，点击右键/属性。在 Tag Name 和 Object Name 中都定义为 LIC0001，确定、保存，如图 3-39 所示。

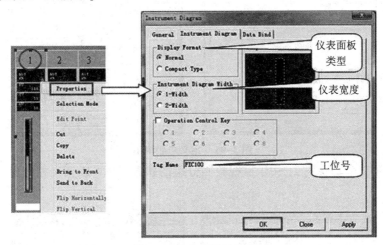

图 3-39　定义控制分组

(2)总貌窗口组态

总貌窗口可以完成窗口调用、监视仪表状态等功能。总貌画面有 32 个面板，可以在面板上定义希望观察的画面，且在运行过程中，单击就能出现该画面。在实际的工程应用当中，需要观察的过程数据往往达到上百个，所以可以定义多个总貌窗口。总貌窗口为过程数据的调用提供了方便。

①建立一个新的总貌窗口。路径：MYPJT→HIS0164→Window(点击鼠标右键)→Create New Window，进入图 3-40 所示画面。定义总貌窗口类型为"Overview"。需要注意的是，总貌窗口名称应以"OV"开关。

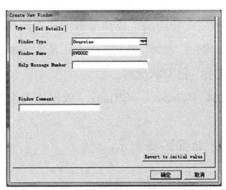

图 3-40　建立总貌窗口

②定义一个总貌窗口。双击进入刚才已经建立好的 OV0002，选择一个总貌块，点击"右键/属性"。

❖定义第一个总貌块 1，用于显示仪表工位特性，并可以调出相应仪表面板，如图

3-41所示。

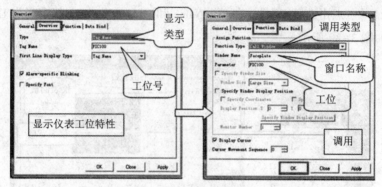

图 3-41 定义总貌块 1

❖定义第二个总貌块 2，用于监视控制分组的状态，并可以调出相应窗口，如图 3-42 所示。

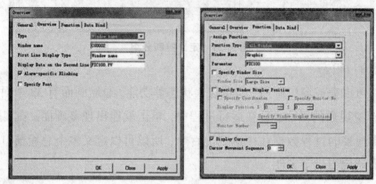

图 3-42 定义总貌块 2

4. 流程图绘制

（1）流程图组态

流程图组态是为操作和监视功能而生成和编辑的流程图窗口。流程图窗口可以具有颜色变化、动态数据、动态液位、触屏、软键等功能。流程图画面真实地显示了现场的情况，包括实时数据、控制流程、报警状况等。

路径：MYPJT→HIS0164→Windows→GRnnnn，双击进入组态画面。

（2）流程图工具介绍

①标准工具（standard），如图 3-43 所示。

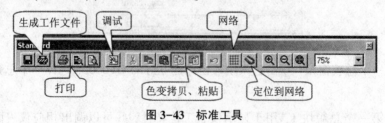

图 3-43 标准工具

②画图工具 draw，如图 3-44 所示。

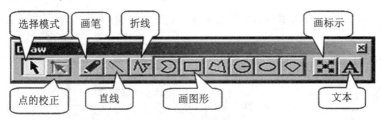

图 3-44　画图工具

③操作站功能（HIS functions），如图 3-45 所示。

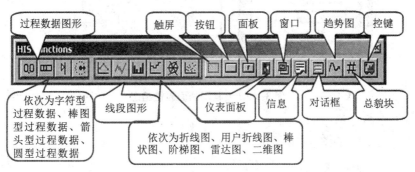

图 3-45　HIS 功能

④格式工具条（format），如图 3-46 所示。

图 3-46　格式

⑤编辑目标（edit object），如图 3-47 所示。

⑥图库（parts），如图 3-48 所示。

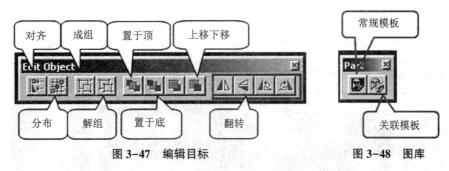

图 3-47　编辑目标　　　　　　　　　图 3-48　图库

（3）画面属性设置

进入组态画面后，首先设置流程图画面属性，即窗口的大小及底色，如图 3-49 所示。

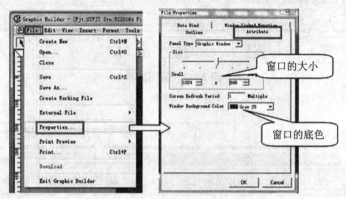

图 3-49　流程图画面属性组态

（4）罐的绘制

①罐体的绘制，如图 3-50 所示。

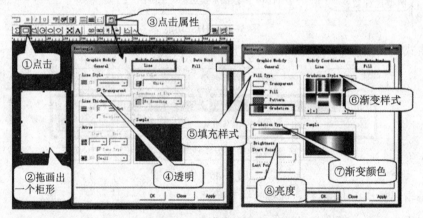

图 3-50　罐体的绘制

②罐底和顶的绘制，如图 3-51 所示。

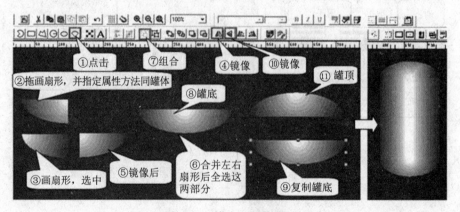

图 3-51　罐底和顶的绘制

（5）管线的绘制

与画罐体相同，选矩形工具，如图3-52所示。

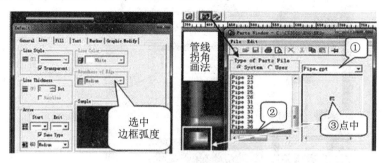

图3-52 管线的绘制

（6）过程数据组态

①过程数据框的绘制。选择矩形工具，属性设定如图3-53所示。

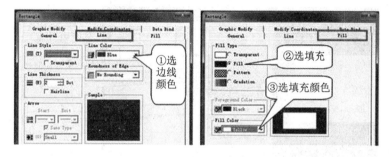

图3-53 过程数据框的绘制

②过程数据的描述。在过程数据框中填写工位名，即PV，SV，MV，如图3-54所示。

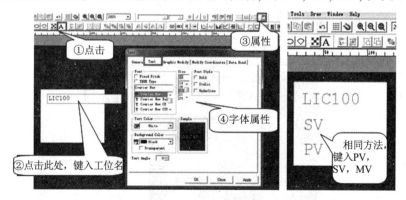

图3-54 过程数据的描述

③过程数据设置。指定要显示的PV，SV，MV的值，如图3-55所示。

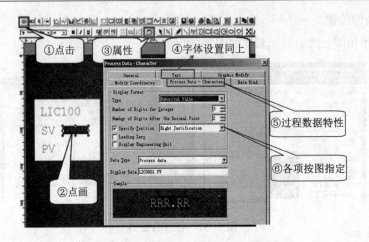

图 3-55　指定要显示的 PV, SV, MV 的值

④指定 PV 值变色，如图 3-56 所示。

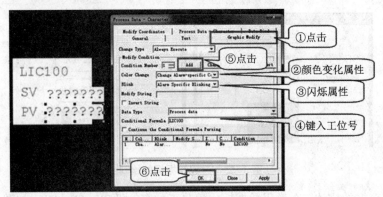

图 3-56　指定 PV 值变色

⑤复制色变属性，如图 3-57 所示。

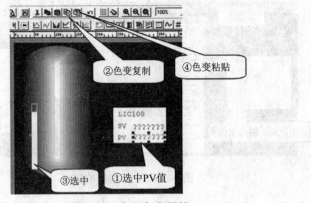

图 3-57　复制色变属性

(7)液体棒的绘制

①在绘制液体棒时，Process Data-Bar 可动态显示管内液位的变化，如图 3-58 所示。

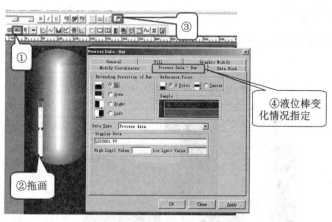

图 3-58　液体棒的绘制

②在进行箭头型过程数据的设置时，Process Data-Arrow 能动态指示过程数据，如图 3-59 所示。

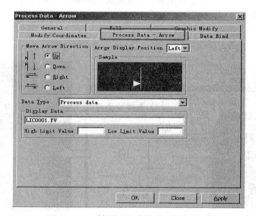

图 3-59　箭头型过程数据的设置

(8) 调节阀的绘制

调节阀的绘制如图 3-60 所示。

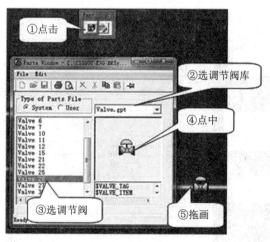

图 3-60　调节阀的绘制

(9)测控线的绘制

测控线的绘制如图3-61所示。

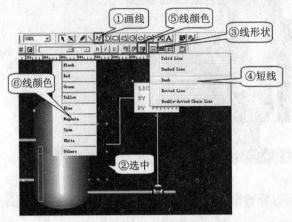

图3-61　测控线的绘制

(10)搅拌器的绘制

搅拌器的绘制如图3-62所示。

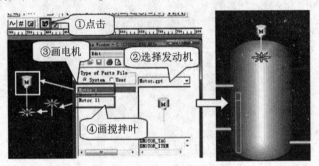

图3-62　搅拌器的绘制

(11)定义触屏

调出仪表LIC100，调出MV数据，如图3-63所示。

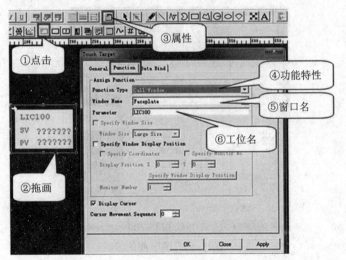

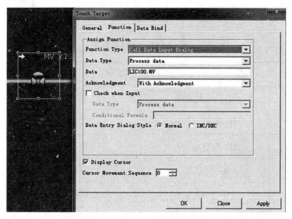

图 3-63　定义触屏

【实施与考核】

1. 实施流程

接受任务　➡　咨询相关信息　➡　制定方案　➡　标准画面组态　➡　验收

2. 考核内容

设计要求如下：

①可浏览总貌画面，如表 3-14 所列。

表 3-14　总貌画面

页码	页标题	内容
1	索引画面	索引：本组流程图、趋势画面、分组画面、一览画面的所有页面
2	数据总貌	所有 I/O 数据实时状态

②可浏览分组画面，如表 3-15 所列。

表 3-15　分组画面

页码	页标题	内容
1	常规回路	PIC102, FIC104, TIC101, LIC101
2	开入量	KI301, KI302, KI303, KI304, KI305, KI306
3	开出量	KO302, KO303, KO304, KO305, KO306, KO307
4	原料加热炉参数	PI102, FI104, TI106, TI107, TI108, TI111, TI101
5	反应物加热炉参数	TI102, TI103, TI104
6	公共数据	LI101, FI001

③可浏览趋势画面,如表3-16所列。

表3-16 趋势画面

趋势显示要求			
位号	坐标(范围)	位号	坐标(范围)
FI001	0~100 m³/h	TI107	0~100%
FI104	0~500 m³/h	TI102	0~100%
TI106	0~600 ℃	TI103	0~100%
TI104	0~600 ℃	TI108	0~100%
TI101	0~600 ℃	TI111	0~100%
LI101	0~100%		

④可浏览一览画面,如表3-17所列。

表3-17 一览画面

页码	页标题	内容
1	数据一览	PI102, FI104, TI106, TI107, TI108, TI111, TI101, TI102, TI103, TI104, LI101, FI001

⑤可浏览流程图画面。利用所学知识并开动脑筋,试绘制加热炉系统的流程图,如图3-64所示。

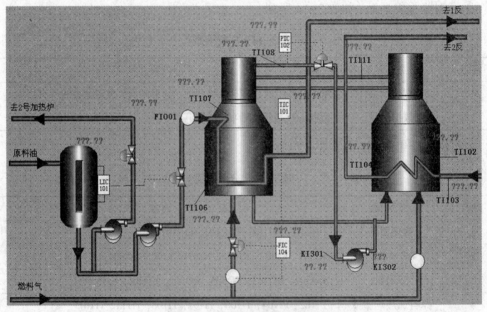

图3-64 加热炉系统的流程图

任务六　系统维护

【任务描述】

掌握程序下载的方法，了解日常维护的内容及常见的故障。

【必备知识】

1. 程序下载

完成工程师站的项目组态后，需要将项目下载。在 System View 下可以新建多个项目，每个项目都有一个项目属性：Default Project 或者 User-Defined Project。只有 Default Project 可以下载，下载后项目属性即变为 Current Project。

如果想下载别的项目，需要运行：开始/所有程序/YOGOKAWA CENTUM/Project's Attribution Utility。先将当前项目的属性由 Current Project 变为 User-Defined Project，然后将需要下载的项目的属性由 User-Defined Project 变为 Default Project 或者 Current Project，如图 3-65 所示。

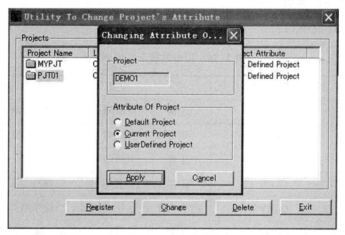

图 3-65　程序下载

①公共项下载。选择"SYSTEM VIEW/DEMO1/COMMON"，单击鼠标右键，选择"Load/Download Project Common Section"后将会连续弹出两个对话框，全部选择"是"，即完成项目公共项下载。

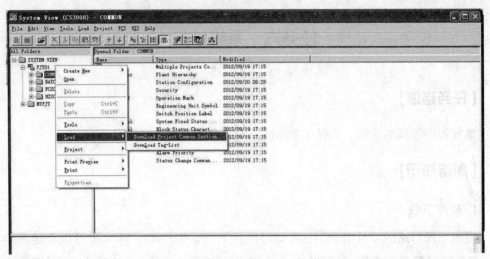

②FCS 下载。选中 FCS0101，单击鼠标右键，选择"Load/Offline Download to FCS/Download"后将连续弹出两个对话框，第一个选择"是"，第二个选择"否"，则开始下载 FCS 程序，等待程序下载完成。

③HIS 下载。选中"HIS0112"，单击鼠标右键，选择"Load/Download to HIS"，点击"确定"即完成 HIS 的下载。至此工程师站的工作完毕。

2. 控制站指示灯说明

控制站指示灯说明如表 3-18 所列。

表 3-18　控制站指示灯说明

卡或单元	指示灯名称	亮	灭	说明
电源部件	RDY	正常	故障	电源部件状态指示
处理器单元	HRDY	正常	故障	处理器单元硬件状态指示
	RDY	正常	故障	处理器单元状态指示
	CTRL	工作	备用	处理器卡工作状态指示
	COPY	拷贝程序	正常	当程序拷贝时才亮
RIO 接口卡	HRDY	正常	故障	RIO 接口卡硬件状态指示
	RDY	正常	故障	RIO 接口卡状态指示
	CTRL	正在通讯	备用	RIO 接口卡工作状态指示
Vnet 插座单元	RCV	正在接收	没在接收	当通讯正常时，指示灯亮
	SND	正常	故障	当通讯正常时，指示灯亮
	SND-L	正常	备用	有一个灯亮就表示工作正常
	SND-R	正常	备用	

表 3-18(续)

卡或单元	指示灯名称	亮	灭	说明
RIO 插座单元	RCV	正在接收	没在接收	当通讯正常时,指示灯亮
	SND	正常	故障	当通讯正常时,指示灯亮
	SND-L	正常	备用	有一个灯亮就表示工作正常
	SND-R	正常	备用	
外部接口单元	N1(左边 FCU 的风扇)	故障	正常	当风扇转速不正常时,亮红灯
	N2(右边 FCU 的风扇)	故障	正常	当风扇转速不正常时,亮红灯
	D1(前门左边风扇)	故障	正常	当风扇转速不正常时,亮红灯
	D2(前门右边风扇)	故障	正常	当风扇转速不正常时,亮红灯
	D3(后门左边风扇)	故障	正常	当风扇转速不正常时,亮红灯
	D4(后门右边风扇)	故障	正常	当风扇转速不正常时,亮红灯

3. 日常维护内容

①每天检查系统报警状态。

②当有系统报警时,检查各控制站指示灯状态。

③每周检查一次风扇运行状态。

④每季度清扫一次过滤网。

⑤定期更换部件:电池 3 年更换一次;过滤网 1 年更换一次;风扇 4 年更换一次。

4. 日常故障汇总

(1)死机处理

①一台 HIS 死机,需要重启。首先把工程师键盘插上,按"Ctrl+Alt+Del"重新登录,但要注意一定要以 CENTUM 用户登录(口令也是 CENTUM),正常后拔掉键盘。

②多台 HIS 同时死机,需要重启,若无法进入 CENTUM 环境,应检查网络。

(2)冗余控制器 FAIL 的处理

①在此状态下 RESTART CPU 卡(CP345 卡上有 START/STOP 按钮);如果显示"OK",即可。

②如果 RESTART 之后 CPU 卡仍处于 STOP 状态,那么就带电插拔 1 次 CPU 卡。

③如果采取上述方法后 CPU 仍不能正常工作,则更换 CPU 卡备件 CP345(如果更换 CPU 卡,还涉及卡件的跳线和主备 CPU 的同步等有关问题。)

(3)跳卡问题处理

①在系统再诊断画面双击控制器号,会弹出关于该控制器上所连各类卡件的状态屏,正常为绿色,故障为红色。如某卡故障,则相应的 Node 为红色。硬件卡的状态灯只

剩下一个灯亮，则将此卡热插拔(冷启)，仍不行则更换备份卡；更换卡后仍出现此问题，则怀疑槽位故障。

②若槽位故障，把其上的卡恢复到其他槽位。

(4)网络问题

①E 网报警，则检查网线的接触情况。

②V 网断网。

❖VF-701 卡坏：对操作站逐台关机并重启，看故障是否消失，以确定是哪台操作站的网卡出现问题，然后更换网卡，同时注意网卡跳线的问题。

❖更换 T 型头、终端电阻。

❖V 网耦合器有问题：重新插拔两个控制器内的 V 网耦合器，看是否有虚接的可能，需进一步查检耦合器是否损坏。

❖V 网线路有断点：对连接每两台操作站的 V 网和粗细揽转换的耦合器进行量通，查看是否正常。

5.操作界面说明

HIS 窗口中系统信息窗口工具栏名称及说明见表 3-19 所列。

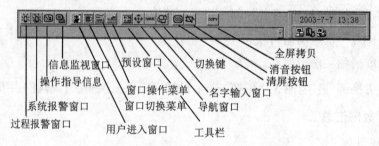

表 3-19　HIS 窗口中系统信息窗口工具栏

序号	工具栏名称	中文说明
1	Process Alarm	过程报警： ■ 红色闪烁：表示有现场报警且未被确认； ■ 红色静止：表示有现场报警但已被确认； ■ 正常颜色：表示无现场报警
2	System Alarm	系统报警： ■ 红色闪烁：表示有系统报警且未被确认； ■ 红色静止：表示有系统报警但已被确认； ■ 正常颜色：表示无系统报警
3	Operation Guide	操作指导窗口调用按钮

表 3-19(续)

序号	工具栏名称	中文说明
4	Message Monitor	信息监测窗口
5	User-in Dialog	用户登录按钮： ■ OFFUSER：无权限用户； ■ ONUSER：工艺操作员； ■ ENGUSER：系统管理员。 注：正常运行时为"ONUSER"，请勿更改
6	Window menu	窗口菜单
7	Operation menu	操作菜单按钮： ■ Righ hierarcgy window call：同类窗口后翻； ■ Upper window call：调用上级窗口； ■ Left hierarcgy window call：同类窗口前翻； ■ History call forwrd：历史窗口前翻； ■ History call backwrd：历史窗口后翻
8	Preset menu	预设菜单按钮： ■ 放置常用的调用窗口
9	Toolbox Window	工具箱窗口调用按钮： ■ 调出工具条
10	Navigator Window	导航窗口按钮： ■ 调出系统所有窗口一览图
11	Name Input	名称输入对话框： ■ 通过输入窗口名称调用特定的窗口
12	Circulate	循环按钮
13	Clear All	清屏按钮： ■ 清除显示窗口中的所有画面
14	Buzzer Reset	报警消除按钮： ■ 消除蜂鸣报警
15	Hard Copy	硬拷贝按钮

【实施与考核】

1. 实施流程

接受任务 → 咨询相关信息 → 制定方案 → 程序下载/调试 → 验收

2. 考核内容

①程序下载。

②修改组态错误。

项目四 ECS-700 DCS 控制系统的认知

【项目描述】

通过因特网、图书资料和参观 DCS 装置等方式，收集整理 ECS-700 集散控制系统生产商、产品及应用方面的相关信息，然后制作思维导图进行学习评价，并依据评价标准给出成绩。

【必备知识】

1. ECS-700 DCS 概述

ECS-700 系统是浙江中控技术股份有限公司 WebField 系列控制系统之一，是致力于帮助用户实现企业自动化的大型高端控制系统。系统支持 60 个控制域和 128 个操作域，每个控制域支持 60 个控制站，每个操作域支持 60 个操作站，单域支持位号数量为 6.5 万点。

ECS-700 系统按照可靠性原则进行设计，充分保证系统安全可靠；系统所有部件都支持冗余，在任何单一部件故障情况下，系统仍能正常工作。ECS-700 系统具备故障安全功能，输出模块在网络故障情况下进入预设的安全状态，保证人员、工艺系统或设备的安全。

ECS-700 系统作为大规模联合控制系统，具备完善的工程管理功能，包括多工程师协同工作、组态完整性管理、在线单点组态下载、组态和操作权限管理等，并提供相关操作记录的历史追溯。

ECS-700 系统融合了最新的现场总线技术和网络技术，支持 PROFIBUS, MODBUS, FF, HART 等国际标准现场总线的接入和多种异构系统的综合集成。

2. 系统结构

ECS-700 系统由控制节点[包括控制站及过程控制网上与异构系统连接的通信接口等）、操作节点[包括工程师站、操作员站、组态服务器（主工程师站）、数据服务器等连接在过程信息网和过程控制网上的人机会话接口站点]及系统网络(包括 I/O 总线、过程控制网、过程信息网、企业管理网等）等构成。

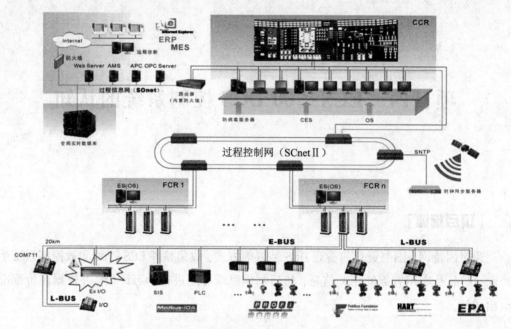

图 4-1 ECS-700DCS 控制系统整体结构图

①工程师站是为专业工程技术人员设计的,内部装有相应的组态平台和系统维护工具。

②操作员站是由工业 PC 机、CRT、键盘、鼠标、打印机(可选)等组成的人机系统,是操作人员完成过程监控管理任务的环境。

③控制站是系统中直接与现场打交道的 I/O 处理单元,完成整个工业过程的实时监控功能。控制站可冗余配置,既灵活又合理。

④工程师站、操作员站、控制站通过过程控制网络连接,完成信息、控制命令等的传输,双重化冗余设计,使得信息传输安全、高速。

3. 控制站

控制站是系统中直接从现场采样 I/O 数据,并进行控制运算的核心单元,具有完成整个工业过程的实时控制功能。

控制站硬件主要由机柜、机架、I/O 总线、供电单元、基座和各类模块(包括控制器模块、I/O 连接模块和各种信号输入/输出模块等)组成,如图 4-2 所示。控制站模块列表见表 4-1。

①通讯员：IO连接模块。
功能：实现扩展IO模块与
控制器的通讯。

②首长：控制器。
功能：管理/处理/控制/计算……

③士兵：IO模块。
功能：IO信号采集及控制。

图 4-2　控制站

表 4-1　控制站模块列表

型号	模块名称	描述
FCU712-S	控制器	单控制域最多 60 对控制器，每对控制器最多支持 4000 个 I/O 位号
COM711-S	I/O 连接模块	每对 I/O 连接模块最多可以连接 64 块 I/O 模块，可冗余
COM712-S	系统互联模块	将 JX-300X/JX-300XP/ECS-100 系统 I/O 信号接入 ECS-700 系统
COM722-S	PROFIBUS 主站通信模块	将符合 PROFIBUS-DP 通信协议的数据连入到 DCS 中，支持冗余
AI711-S	模拟信号输入模块	实现 8 路电压(电流)信号的测量功能并提供配电功能，可冗余
AI711-H	模拟信号输入模块	8 路输入，点点隔离，可冗余，可接入 HART 信号
AI722-S	热电偶输入模块	实现 8 路热电偶(毫伏)信号的测量功能，并提供冷端补偿功能，可冗余
AI731-S	热电阻输入模块	实现 8 路热电阻(电阻)信号的测量功能并提供二线制、三线制和四线制接口，可冗余
AO711-S	电流信号输出模块	实现 8 路电流信号的输出功能，可冗余
AO711-H	电流信号输出模块	8 路输出，点点隔离，可冗余，可输出 HART 信号
DI711-S	数字信号输入模块	24 V 查询电压，可支持 16 路无源触点或有源(24 V)触点输入，可冗余

表 4-1(续)

型号	模块名称	描述
DI712-S	数字信号输入模块	48 V 查询电压，16 路输入，可冗余
DO711-S	数字信号输出模块	可支持 16 路晶体管输出及单触发脉宽输出，可冗余
PI711-S	脉冲信号输入模块	可支持 6 路 0~5 V，0~12 V，0~24 V 这三档脉冲信号的采集功能，统一隔离

除了控制站机柜外，还有一些其他机柜，如图 4-3 所示。

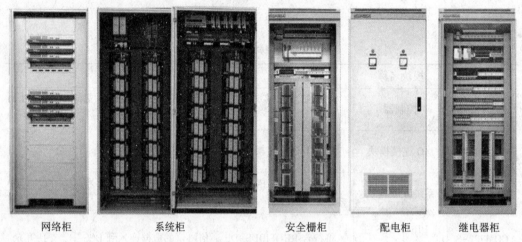

网络柜　　　　　系统柜　　　　　　安全栅柜　　　　配电柜　　　　继电器柜

图 4-3　其他常见机柜

4. 操作节点

操作节点是控制系统的人机接口，是工程师站、操作员站、数据服务器、组态服务器等的总称，如图 4-4 所示。推荐配置：双核 1.8GHz 以上，内存不小于 1 GB，主机硬盘不小于 80 GB，显存不小于 32 MB；操作系统：Windows XP 专业版 + SP2，Windows Server2003 专业版+SP1。

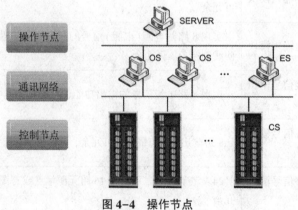

图 4-4　操作节点

5.通讯网络

ECS-700 控制系统采用四层通信网络结构。

①工程师站、操作员站、控制站通过过程控制网络连接，完成信息、控制命令等的传输；双重化冗余设计，使得信息传输安全、高速。

②企业管理网连接各管理节点，通过管理服务器从过程信息网中获取控制系统信息，对生产过程进行管理或实施远程监控。

③过程信息网连接控制系统中所有工程师站、操作员站、组态服务器（主工程师站）、数据服务器等操作节点，在操作节点间传输历史数据、报警信息和操作记录等。对于挂在过程信息网上的各应用站点，可以通过各操作域的数据服务器访问实时和历史信息，下发操作指令。

④过程控制网连接工程师站、操作员站、数据服务器等操作节点和控制站，在操作节点和控制站间传输实时数据和各种操作指令。

举例：0#域内的控制节点地址为（2，3），操作节点地址为129。

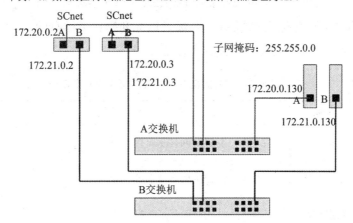

图 4-5　通讯网络连接与设置

6. 组态软件

系统组态功能由以下控制组态工具软件共同完成。

①系统结构组态软件。用于完成整个控制系统结构框架的搭建，包括控制域、操作域的划分及功能分配，以及各工程师组态的权限分配等。

②组态管理软件。作为组态的平台软件关联和管理硬件组态软件、位号组态软件、控制方案组态软件与监控组态软件，维护组态数据库，支持用户程序调度设置、在线联机调试、组态上载及单点组态下载等功能。

③硬件组态软件。控制站内硬件组态软件，支持控制站硬件参数设置、硬件组态扫描上载及硬件调试等功能。

④位号组态软件。控制站内位号组态软件，支持位号参数设置、Excel 导入和导出、

位号自动生成、位号参数检查及位号调试等功能。

⑤控制方案组态软件。用于完成控制系统控制方案的组态，提供功能块图、梯形图、ST 语言等，提供丰富的功能块库，支持用户程序在线调试、位号智能输入、执行顺序调整及图形缩放等功能。

⑥监控组态软件。用于完成控制系统监控管理的组态，包括操作域组态和操作小组组态。操作域组态主要包括操作域内的操作员权限分配、域变量组态及整个操作域的报警颜色设置、历史趋势位号组态、自定义报警分组等；操作小组组态指对各操作小组的监控界面进行组态，主要包括总貌画面、一览画面、分组画面、趋势画面、流程图、报表、调度、自定义键、可报警分区组态等。每个操作员可以关联 1 个或多个操作小组。

7. 实时监控软件

实时监控软件是 VisualField 软件包的重要组成部分，是一个具有友好用户界面的流程监控软件，便于用户监视现场硬件设备的运行情况，并就现场运行情况进行及时有效的控制。同时，它提供了一个可视性监控界面，便于管理者操作和维护。实时监控软件将所有的命令都化为形象直观的功能图标，通过鼠标和操作员键盘的配合使用，可以方便地完成各种监控操作。其可实现功能如表 4-2 所示。

表 4-2　实时监控工具栏各按钮功能一览表

图形	名称	功能
	首页	点击后，监控画面显示监控首页画面
	系统总貌	点击后，监控画面显示系统总貌画面
	数据一览	点击后，监控画面显示数据一览画面
	控制分组	点击后，监控画面显示分组画面
	趋势图	点击后，监控画面显示趋势画面
	流程图	点击后，监控画面显示流程图画面
	报表浏览	点击后，监控画面弹出报表浏览器
	后退	显示相对于当前操作之前的操作所显示的画面
	前进	相对于后退操作（只有执行了后退操作，前进操作才有意义）
	前页	前翻一页（对于某种画面，比如流程图画面存在多页，可以通过此按钮往前翻页）

表 4-2(续)

图形	名称	功能
	后页	后翻一页(对于某种画面,比如流程图画面存在多页,可以通过此按钮往后翻页)
	翻页	在该按钮上点鼠标右键,列出各画面(即系统总貌画面、数据一览画面、控制分组画面、趋势画面、流程图画面的列表),选中显示某类型画面(比如流程图)后,点鼠标左键,列出所有该类型画面
	查找位号	点击该按钮弹出位号选择器
	软键盘	点击后,弹出软键盘
	系统状态	点击后,监控画面显示系统状态主视图
	操作日志	点击后,弹出操作日志查看器界面
	系统信息	点击后,显示系统信息界面
	打印画面	点击后,打印当前显示的整个监控界面
	用户登录	点击后,弹出用户登录对话框
	退出系统	点击后,弹出身份验证对话框
	下拉菜单	点击后,列出以下信息:操作日志、系统信息、打印画面、用户登录和退出系统

实时监控软件的主要监控操作画面有以下几个。

(1)总貌画面

总貌画面是各个实时监控操作画面的总目录,主要用于显示过程信息,或者作为索引画面进入相应的操作画面。一幅总貌画面最多可显示 32 个信息块,而实际显示的信息块数量由组态确定。

若总貌画面中信息块显示的内容为位号信息,则点击信息块后,相应的位号名显示在监控表头右方的当前位号编辑框中;若总貌画面中信息块显示的内容为某一画面名称,则点击信息块后,跳转到相应的画面。总貌画面中的对应的位号产生报警后,将按位号的报警等级显示其颜色并闪烁。报警变为瞌睡报警后,按报警的默认颜色显示但不闪烁。

(2)控制分组画面

控制分组画面其用于显示操作小组中所组的控制分组的信息。一幅控制分组画面最多可显示 16 个位号的仪表面板, 实际显示数量由组态确定。若位号为可读写位号, 则可在仪表面板中手工置值。

每个仪表面板中都有 5 个操作按钮, 其功能说明如下。

①逻辑图按钮。点开该按钮, 则打开与位号关联的逻辑图画面。

②流程图画面按钮。点击该按钮, 则打开与位号关联的流程图画面。

③趋势画面按钮。点击该按钮, 则打开与位号关联的趋势画面。

④报警画面按钮。点击该按钮, 则跳转到该位号最近一周的历史报警。

⑤调整画面按钮。点击该按钮, 则打开位号的调整画面。

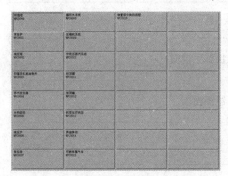

图 4-6　实时监控系统总貌画面

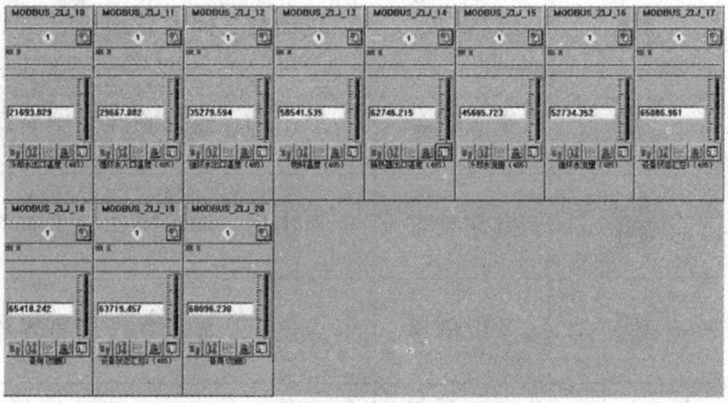

图 4-7　实时监控控制分组画面

（3）趋势画面

趋势画面根据组态信息和工艺运行情况, 以一定的时间间隔记录一个数据点, 动态更新历史趋势图, 并显示时间轴所在时刻的数据(时间轴不会自动随着曲线的移动而移动)。布局方式为"1×1"的趋势画面, 如图 4-8 所示。

（4）流程图

流程图是工艺过程在实时监控画面上的仿真, 是主要监控画面之一, 由用户在组态软件(流程图编辑软件)中绘制。流程图画面根据组态信息和工艺运行情况, 在实时监控过程中动态地更新各个动态对象(如数据点、图形、趋势图等)。因此, 大部分的过程监视和控制操作都可以在流程图画面上完成, 如图 4-9 所示。

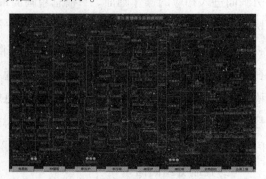

图 4-8　实时监控趋势画面

图 4-9　实时监控流程图画面

(5)数据一览画面

数据一览画面根据组态信息和工艺运行情况，动态显示位号的实时数据值。数据一览画面最多可以显示 32 个位号信息，包括序号、位号、描述、数值和单位共 5 项信息。序号项，即组态数据一览画面时引用位号的先后顺序；位号项，即相应的位号名称；描述项，显示组态时写入的位号注释；数值项，即显示位号的实时数据；单位项，即该位号数值的单位。具体如图 4-10 所示。

序号	位号	描述	数值	单位	序号	位号	描述	数值	单位
1	TI1001A1	泵1001A电机温度	100.0	℃	17	TI1012A2	泵1012A电机温度	100.0	℃
2	TI1001A2	泵1001A电机温度	100.0	℃	18	TI1012A3	泵1012A电机温度	100.0	℃
3	TI1001A3	泵1001A电机温度	100.0	℃	19	TI1012B1	泵1012B电机温度	100.0	℃
4	TI1001B1	泵1001B电机温度	100.0	℃	20	TI1012B2	泵1012B电机温度	100.0	℃
5	TI1001B2	泵1001B电机温度	100.0	℃	21	TI1012B3	泵1012B电机温度	100.0	℃
6	TI1001B3	泵1001B电机温度	100.0	℃	22	TI1012C1	泵1012C电机温度	100.0	℃
7	TI1004A1	泵1004A电机温度	100.0	℃	23	TI1012C2	泵1012C电机温度	100.0	℃
8	TI1004A2	泵1004A电机温度	100.0	℃	24	TI1012C3	泵1012C电机温度	100.0	℃
9	TI1004A3	泵1004A电机温度	100.0	℃	25	TI1014A1	泵1014A电机温度	100.0	℃
10	TI1004B1	泵1004B电机温度	100.0	℃	26	TI1014A2	泵1014A电机温度	100.0	℃
11	TI1004B2	泵1004B电机温度	100.0	℃	27	TI1014A3	泵1014A电机温度	100.0	℃
12	TI1004B3	泵1004B电机温度	100.0	℃	28	TI1014B1	泵1014B电机温度	100.0	℃
13	TI1004C1	泵1004C电机温度	100.0	℃	29	0A00254.A000020C	原油进装置温度	100.0	℃
14	TI1004C2	泵1004C电机温度	100.0	℃	30	0A00254.A0000200	原油一路换热温度	100.0	℃
15	TI1004C3	泵1004C电机温度	100.0	℃	31	TI1304	原油二路换热温度	100.0	℃

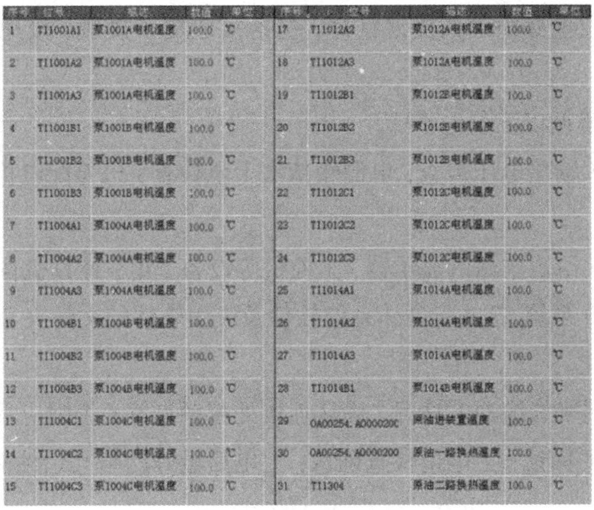

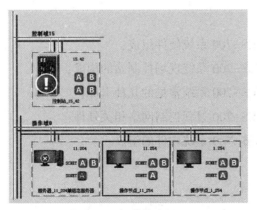

图 4-10　实时监控数据一览画面

(6)系统状态画面

系统状态画面主要分为两部分:实时状态监测和历史记录查询。实时状态监测部分主要包括操作域、控制域、过程控制网、过程信息网、控制器、通讯节点、I/O 模块等系统部件的运行状态和通讯情况。历史记录查询功能可实现对特定时间内控制站所发生的故障进行查看，显示故障产生时间、设备、地址、诊断项、诊断结果和恢复时间等信息。系统状态画面如图 4-11 所示。

图 4-11　系统状态画面

8. 注意事项

①在进行连接或拆除前，请确认计算机电源开关处于"关"状态。疏忽此项操作可能引起严重的人员受伤和计算机设备损坏事故。

②所有拔下的或备用的 I/O 卡件应包装在防静电袋中，严禁随意堆放。

③插拔卡件之前，须做好防静电措施，如带上接地良好的防静电手腕，或进行适当的人体放电。

④系统重新上电前必须确认接地良好，包括接地端子接触、接地端对地电阻(要求小于 4 欧姆)。

⑤系统应严格遵循以下上电步骤。

❖控制站。UPS 输出电压检查，电源箱依次上电检查，机笼配电检查，卡件自检，冗余测试，等等。

❖操作站。依次给操作站的显示器、工控机等设备上电；计算机自检通过后，检查确认 Windows NT/2000 系统、AdvantTrol 系统软件及应用软件的文件夹和文件是否正确，硬盘空间应无较大变化。

❖网络。检查网络线缆通断情况，确认连接处接触良好，否则应及时更换故障线缆；做好双重化网络线的标记，上电前检查确认；上电后做好网络冗余性能的测试。

【实施与考核】

1. 实施流程

接受任务 ➡ 咨询相关信息 ➡ 制定方案 ➡ 绘制思维导图 ➡ 验收

2. 考核内容

收集信息包括：

①掌握浙大中控 ECS-700 系统硬件组成；

②掌握浙大中控 ECS-700 系统现场控制站的构成；

③认识浙大中控 ECS-700 系统常见的几种卡件；

④认识浙大中控 ECS-700 过程控制网络相关硬件；

⑤掌握浙大中控 ECS-700 系统软件的组成。

项目五　FCS 控制系统的认知

【项目描述】

通过因特网、图书资料和参观现场总线装置等方式，掌握典型现场总线技术的原理、规范；对工业过程控制发展现状有所了解，熟悉工业以太网技术的相关信息。

【必备知识】

1. 现场总线控制系统

现场总线控制系统(fieldbus control system，FCS)是一种在现场设备之间、现场设备与控制装置之间实现双向、互连、串行和多节点的数字通信技术。其核心思想为功能分散、危险分散、信息集中。它应用了微处理器、网络技术、通信技术和自动控制技术，缺点是没有真正统一的通信标准。

2. 几种典型的现场总线

(1)基金会现场总线(FF)

基金会现场总线前身为以 Fisher-Rousemount 公司为首，联合 Foxboro、横河、ABB、西门子等公司的 ISP 协议，以及以 Honeywell 为首的 WorldFIP 协议，合并后成立的现场总线基金会。它以 ISO/OSI 开放系统互联模型为基础，取其物理层、数据链路层、应用层，并增加用户层；分低速 H1(31.25 Kb/s、距离 1900 m)和高速 H2(1 Mb/s、距离 750 m 和 2.5 Mb/s、距离 500 m)两种通信速率；介质支持双绞线、光缆和无线发射，传输信号采用曼彻斯特编码。

(2)Profibus 现场总线

Profibus 现场总线采用德国国家标准和欧洲标准；参考模型是 ISO/OSI 模型；由 PROFIBUS-DP，PROFZBUS-FMS和 PROFIBUS-PA 组成。PROFIBUS-DP 型用于分散外设间的高速传输，适用于加工自动化领域；PROFIBUS-PA 用于过程自动化。PROFIBUS-FMS 为现场信息规范，适用于纺织、楼宇自动化、PLC 等一般自动化；传输速率为 9.6 Kb/s~12 Mb/s，最大传输距离为 1200 m (9.6 Kb/s 时)和 200 m(1.5 Mb/s)时，可用中继器延长至 10 km，传输介质为双绞线、光缆。

（3）CAN 总线

CAN 总线是控制器局域网的简称，由德国 BOSCH 公司提出，得到 Motorola，Intel，Philips，Siemens，NEC 等公司支持；采用 ISO/OSI 模型的物理层、数据链路层和应用层；通信速率最高 1 Mb/s（此时传输距离最长为 40 m），传输介质为双绞线；采用短帧结构传输，传输时间短，受干扰的概率低。

（4）LonWorks 总线

LonWorks 总线由美国 Echelon 公司和 Motorola，Toshiba 公司倡导；采用 ISO/OSI 模型的全部七层协议；通信速率 300 b/s~1.5 Mb/s，支持双绞线、同轴电缆、光纤、射频等多种介质；采用 Neuron 芯片，包含 3 片 8 位 CPU，分别完成 1~2 层、3~6 层协议和应用处理；鼓励 OEM 开发商运用 LonWorks 和神经元芯片开发自己的应用产品。

（5）HART 总线

HART 总线即可寻址远程传感高速通道。其由 Rosemount 公司提出，并于 1993 年成立 HART 通信基金会；特点是在现有模拟信号传输线上实现数字通信，属于模拟系统向数字系统转变过程中的工业过程控制的过渡性产品；由物理层、数据链路层和应用层组成。物理层采用 FSK（频移键控）技术在 4~20 mA 信号上叠加一个频率信号，代表 0 和 1；支持点对点主从应答方式和多点广播方式，数据更新速率为 2~3 次/秒，传输距离最大为 3000 m。

除此之外，常见的还有 DeviceNet 总线、ControlNet 现场总线、Modbus 总线和 CC-Link 总线等。

3. 现场总线系统的优点

（1）节省硬件数量与投资

①智能现场设备直接执行多参数测量、控制、报警、累计计算等功能，减少了变送器的数量。

②不需要 DCS 系统的信号调理、转换等功能，节省硬件投资，减少控制室的占地面积。

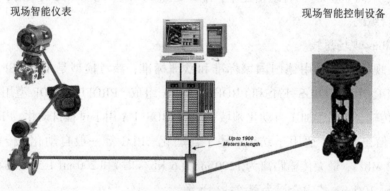

图 5-1　现场总线控制方式

（2）节省安装费用

①现场总线系统在一对双绞线或一条电缆上通常可挂接多个设备，因此连线简单，与传统连接方式相比，所需电缆、端子、槽盒、桥架的数量大大减少。

②当需要增加新的现场设备时，无需增加新的电缆，可就近连接在原有电缆上，既节省了投资，也减少了设计、安装的工作量；据有关典型实验工程的测算资料，可节约60%以上的安装费用。

（3）节省维护开销

①现场控制设备具有自诊断与简单故障处理的能力，可通过数字通信将相关诊断维护信息发送到控制室，便于用户查询分析故障原因并快速排除，缩短了维护停工的时间。

②系统结构简化、连线简单，从而减少了维护的工作量。

（4）用户具有高度的系统集成主动权

用户可以自由选择不同厂商所提供的设备来集成系统。系统集成过程中主动权掌握在用户手中。

（5）提高了系统的准确性与可靠性

①现场总线设备实现智能化、数字化，与模拟信号相比，从根本上提高了测量与控制的精确度，减少了传送误差。

②系统的结构简化，设备与连线减少，现场仪表内部功能加强，减少了信号的往返传输，提高了系统的工作可靠性。

③设备标准化、功能模块化，使系统具有设计简单、易于重构等优点。

4. FCS 与 DCS 的对比

（1）结构

FCS：一对多，即一对传输线接多台仪表，双向传输多个信号。

DCS：一对一，即一对传输线接一台仪表，单向传输一个信号。

（2）可靠性

FCS：可靠性好，数字信号传输抗干扰能力强，精度高。

DCS：可靠性差，模拟信号传输不仅精度低，而且容易受干扰。

（3）失控状态

FCS：操作员在控制室既可以了解现场设备或现场仪表的工作状况，也能对设备进行参数调整，还可以预测或寻找故障，使设备始终处于操作员的远程监视与可控状态之中。

DCS：操作员在控制室既不能了解模拟仪表的工作状态，也不能对其进行参数调整，更不能预测故障，导致操作员对仪表处于"失控"状态。

（4）互换性

FCS：用户可以自由选择不同制造商提供的性能价格比最优的现场设备和仪表，并将不同品牌的仪表互联。

DCS：尽管模拟仪表统一了信号标准(4~20 mA DC)，可大部分参数仍由制造厂自定，致使不同品牌的仪表互换难度较大。

(5)仪表

FCS：智能仪表，除了具有模拟仪表的检测、变换、补偿等功能外，还具有数字通信能力，并且具有控制和运算的能力。

DCS：模拟仪表只具有检测、变换、补偿等功能。

(6)控制

FCS：控制功能分散在各个智能仪表中。

DCS：所有控制功能集中在控制站中。

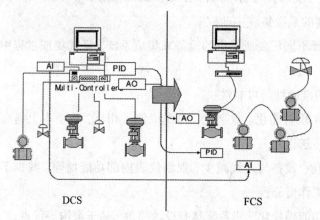

图 5-2　FCS 与 DCS 的对比

5. 现场总线面临的挑战

①现场总线不仅要求经济、可靠地传递信息，而且要求及时处理所传递的信息。

②现场总线不仅要求传输速度快，还要求响应时间短、循环时间短。

③网络通信中数据包的传输延迟、通信系统的瞬时错误和数据包丢失，以及发送到达次序的不一致等，都会破坏传统控制系统原本具有的确定性，使控制系统的分析和综合变得更复杂，并使控制系统的性能受到负面影响。

如何使控制网络满足控制系统对通信实时性、确定性的要求，是现场总线系统在设计和运行中关注的一个重要问题。因此，目前很多企业采用"DCS+FCS"混合控制模式，如图 5-3 所示。

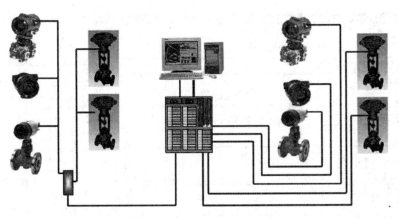

图 5-3　DCS+FCS 混合控制模式

6. 基于 PROFIBUS 组态通信

（1）PROFIBUS-DP 从站的分类

①紧凑型 DP 从站。ET200B 模块系列。

②模块式 DP 从站。ET200M，可以扩展 8 个模块。在组态时 STEP7 自动分配紧凑型 DP 从站和模块式 DP 从站的输入/输出地址。

③智能从站（I 从站）。某些型号的 CPU 可以作为 DP 从站。智能 DP 从站提供给 DP 主站的输入/输出区域并不是实际的 I/O 模块使用的 I/O 区域，而是从站 CPU 专门用于通信的输入/输出映像区。

（2）PROFIBUS-DP 网络的组态

主站是 CPU416-2DP，将 DP 从站 ET200B-16DI/16DO，ET200M 和作为智能从站的 CPU315-2DP 连接起来，传输速率为1.5 Mb/s。

①生成一个 STEP7 项目，如图 5-4 所示。

图 5-4　SIMATIC 管理器

②设置 PROFIBUS 网络。右键点击"项目"对象，生成网络对象 PROFIBUS（1），在自动打开的网络组态工具 NetPro 中，双击图中的 PROFIBUS 网络线，设置传输速率为 1.5 Mb/s，总线行规为 DP。最高站地址使用缺省值 126。

③设置主站的通信属性。选择 300 站对象，打开 HW Config 工具；双击机架中"DP"所在的行，在"Operating Mode"标签页选择该站为 DP 主站，默认的站地址为 2，如图 5-5 所示。

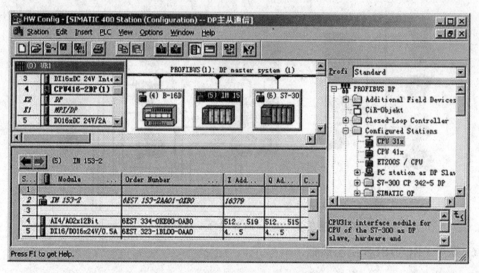

图 5-5　PROFIBUS 网络的组态

④组态 DP 从站 ET200B。组态第一个从站 ET200B-16DI/16DO。设置站地址为4，各站的输入/输出自动统一编址。选择监控定时器功能。

⑤ 组态 DP 从站 ET200M。将接口模块 IM153-2 拖到 PROFIBUS 网络线上，设置站地址为 5。打开硬件目录中的 IM153-2 文件夹，插入 I/O 模块。

⑥组态一个带 DP 接口的智能 DP 从站。在项目中建立 S7-300 站对象，将 CPU315-2DP 模块插入槽2。默认的 PROFIBUS 地址为6，设置为 DP 从站。在"HW Config"中保存对 S7-300 站的组态。

⑦将智能 DP 从站连接到 DP 主站系统中。返回到组态 S7-300 站硬件的屏幕。打开"\PROFIBUS-DP\Configured Stations"（已经组态的站）文件夹，将"CPU 31x"拖到屏幕左上方的 PROFIBUS 网络线上。自动分配的站地址为6。在"Connection"标签页选中"CPU 315-2DP"，点击"Connect"按钮,则该站被连接到 DP 网络中。

（3）主站与智能从站主从通信方式的组态

DP 主站直接访问"标准"的 DP 从站（例如 ET200B 和 ET200M）的分布式 I/O 地址区。用于主站和从站之间交换数据的输入/输出区不能占据 I/O 模块的物理地址区。

点击 DP 从站对话框中的"Configuration"标签，为 DP 主从通信的智能从站配置输入/输出区地址（如图 5-6 所示）。点击图中的"New"按钮，出现如图 5-7 所示的设置 DP 从站输入/输出区地址的对话框。组态后的网络如图 5-8 所示。

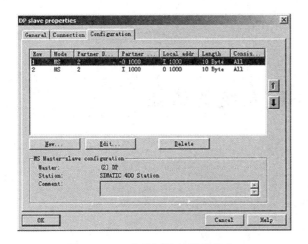

图 5-6 DP 主从通信地址的组态

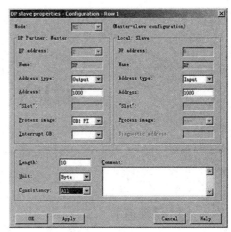

图 5-7 DP 从站属性的组态

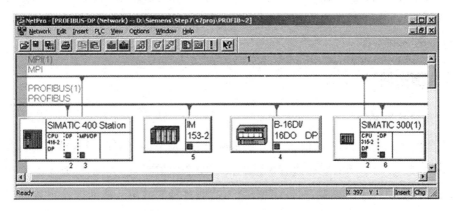

图 5-8 组态后的网络

【实施与考核】

1. 实施流程

接受任务 → 咨询相关信息 → 制定方案 → 思维导图/PROFIBUS 组态 → 验收

2. 考核内容

①传统 DCS 与 FCS 在现场布线方面有什么区别？

②什么是完整的现场总线定义？

③现场总线有哪些特点？

④现场总线有哪些优点？

⑤IEC 制定的国际现场总线标准主要包括哪些现场总线？

⑥掌握 PROFIBUS-DP 从站的分类及网络组态方法。

项目六　SIS 系统的认知

【项目描述】

通过学习，使学生掌握 SIS 的基本概念，了解 SIS 的组成与分类、常见的术语及 SIS 设计应遵循的原则、故障安全原则和工程设计中应注意的问题，并通过 TCS-900 软件熟悉 SIS 的界面和操作。

【必备知识】

1. 安全仪表系统

安全仪表系统（safety instrumented system, SIS）是一种经专门机构认证，具有一定安全完整性水平，用于降低生产过程风险的仪表安全保护系统。它不仅能监测生产过程因超过安全极限而带来的风险，而且能检测和处理自身的故障，从而按预定条件或程序使生产过程处于安全状态，以确保人员、设备及工厂周边环境的安全。

按照 SIS 的定义，下述系统均属于安全仪表系统：

①安全联锁系统（safety interlock system, SIS）；

②安全关联系统（safety related system, SRS）；

③仪表保护系统（instrument protective system, IPS）；

④透平压缩机集成控制系统（integrated turbo & compressor control system, ITCC）；

⑤火灾及气体检测系统（fire and gas systems, F & GS）；

⑥紧急停车系统（emergency shutdown device, ESD）；

⑦燃烧管理系统（burner management system, BMS）；

⑧列车自动防护系统（automatic train protection , ATP）。

2. SIS 在石化企业常见的分类

SIS 在石化企业常见的分类如图 6-1 所示。

3. 经过 TUV 认证的 SIS 产品

在国内石化行业中应用的 SIS 产品中，经过 TUV 认证的主要有以下几种。

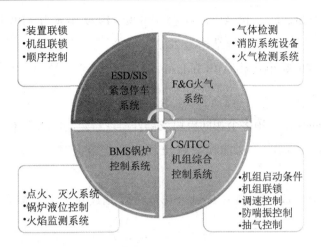

图 6-1 SIS 在石化企业常见的分类

①Tricon, Triden, 由美国 Triconex 公司开发，用于压缩机综合控制(ITCC)和紧急停车系统，安全等级为 AK6(SIL3)。

②FSC(fail safe control)，由荷兰 P & F(Pepper & Fuchs)公司开发，1994 年被 Honeywell 公司收购，安全等级可达 AK6(SIL3)。

③HIMA PES, HIMA 是德国一家专业生产安全控制设备的公司，PES (programmable electronic system)是可编程电子系统的简称。HIMA PES 是近几年来国内引进较多的一种安全仪表系统，主要由 H41q 和 H51q 系统组成。H41q 也叫小系统，它分为不冗余的系统和冗余的系统，不冗余系统型号为 H41q-M，冗余系统又分为高可靠系统 H41q-H 和高性能系统 H41q-HR。H51q 称为模块化的系统，它也分为不冗余的系统和冗余的系统，不冗余的系统型号为 H51q-H 和高性能系统 H51q-HR。各种型号的 PES 都具有 TUV AK1~AK6 级认证。

④Prosafe-RS 是横河电机安全仪表系统，其特点是与 CENTUMCS.3000 R3 的技术融合，即实现了与 DSC 的无缝集成。非冗余取量即可实现 SIL3，通过冗余取量实现更高的可用性。

⑤QUADLOG，由 MOORE 公司开发，日本横河电机公司收购后称 prosafe plc，其 1oo2D 结构安全等级达 AK6(SIL3)。

⑥SIMATICS7-400F/FH，德国 SIEMENS 公司产品。400F 和 400FH 分别为 1 个 CPU 和 2 个 CPU 运行 fail-safe(F)用户程序，均取得 TUV 认证，安全等级为 AK1~AK6(SIL1~SIL3)。

⑦Regent Trusted 是美国 ICS 利用宇航技术开发的安全系统，安全等级为 AK4~AK6(SIL2~SIL3)。

⑧GMR90-70，由美国 GE Fanuc 公司开发。其中 GMR90-70(模块式冗余容错)的安全等级为 class 5(2oo3)，class 4(1oo2)和 class 5(2oo2)。

⑨TRIGUARD SC300E，由 AUGUST 公司开发，1999 年成为 ABB 集团成员之一，安全等级为 class 5 和 class 6，系统结构为 2oo3。

⑩Safeguard 400 & 300，由 ABB Industry 公司开发，系统结构为 1oo2D。

4. SIS 常用术语

①冗余（redundant）。用多个相同模块或部件实现特定功能或数据处理。

②容错（fault tolerant）。功能模块在出现故障或错误时，仍继续执行特定功能的能力。

③安全度等级（safety integrity level, SIL）。用于描述安全仪表系统安全综合评价的等级，见表 6-1。

表 6-1　安全度等级 SIL（safety integrity level）

IEC61508 （国际电工委员会）	DINV19250 （德国标准化委员会）	说明
SIL1	1,2	财产和产品一般保护
SIL2	3,4	主要财产和产品保护，可能损害人
SIL3	5,6	对工厂职工和社会造成影响
SIL4	7	引起社会灾难性的影响

④故障危险概率（probability of failing dangerously, PFD）。能够导致安全仪表系统处于危险或失去功能的故障出现的概率。

⑤故障安全（failing to safe, FTS）。安全仪表系统发生故障时，使被控制过程转入预定安全状态。

⑥可用性（availability）。系统可以使用工作时间的概率。例如，系统的可用性为 99.99%，意味着在 1 万小时的工作将有 1 h 的故障中断时间。

⑦可靠性（reliability）。指系统在规定时间间隔（t）内发生故障的概率。如系统一年内的可靠性为 99.99%，意味着系统一年中工作失败的概率为 0.01%。

⑧表决（voting）。用多数原则确定结果。

1oo1：1 取 1。正常状态下状态为 1，只要信号为 0，表决器命令执行。

1oo2：2 取 1。正常状态下状态为 1，只要任意一个信号为 0，表决器命令执行。

1oo3：3 取 1。正常状态下状态为 1，只要任意一个信号为 0，表决器命令执行。

2oo2：2 取 2。正常状态下状态为 1，只要任意两个信号为 0，表决器命令执行。

2oo3：3 取 2。正常状态下状态为 1，只要任意两个信号为 0，表决器命令执行。

2oo4：4 取 2。正常状态下状态为 1，只要任意两个信号为 0，表决器命令执行

5. SIS 设计应遵循的原则

①SIS 独立于过程控制系统（DCS 或其他系统），原则上应独立设置（含检测和执行单元），独立完成安全保护功能。

②当过程达到预定条件时，SIS 动作，使被控制过程转入安全状态。

③根据对过程危险性及可操作性分析，人员、过程、设备及环保要求，安全度等级确定 SIS 的功能等级。

④应设计成故障安全型。

⑤应采用经 TUV 安全认证的系统。

⑥采用冗余容错结构。

⑦应具有硬件、软件诊断和测试功能。

⑧构成应使中间环节最少。

⑨传感器、最终执行元件宜单独设置。

⑩应能和 DCS，MES 等进行通信。

⑪实现多个单元保护功能时，其公用部分应符合最高安全等级要求。

6. 故障安全原则

组成 SIS 的各环节自身出现故障的概率不可能为零，且供电、供气中断也可能发生。当内部或外部原因使 SIS 失效时，被保护的对象（装置）按预定的顺序安全停车，自动转入安全状态（fault to safety），这就是故障安全原则。具体体现在以下几个方面。

①现场开关仪表选用常闭接点。工艺正常时，触点闭合，达到安全极限时触点断开，触发联锁动作；必要时采用"二选一""二选二"或"三选二"配置。

②电磁阀采用正常励磁，联锁未动作时，电磁阀线圈带电，联锁动作时断电。

③送往电气配电室用以开/停电机的接点用中间继电器隔离，其励磁电路应为故障安全型。

④作为控制装置（如 PLC），"故障安全"意味着当其自身出现故障而不是工艺或设备超过极限工作范围时，至少应该联锁动作，以便按预定的顺序安全停车（这对工艺和设备而言是安全的）；进而应通过硬件和软件的冗余和容错技术，在过程安全时间（process safety time，PST）内检测到故障，自动执行纠错程序，排除故障。

7. SIS 和 DCS 的比较

SIS 和 DCS 的比较见表6-2。

表 6-2 DCS 与 SIS 的比较

方面	DCS	SIS
构成	不含检测、执行	含检测、执行单元
作用(功能)	使生产过程在正常工况乃至最佳工况下运行	超限安全停车
工作	动态、连续	静态、间断
系统架构	冗余	表决和冗余
安全级别	低,不需认证	高,需认证
评价指标	可靠性指标 MTTF	安全性指标 SIL 等级

①系统的组成方面。DCS 一般是由人机界面操作站、通信总线及现场控制站组成;而 SIS 系统是由传感器、逻辑解算器和最终元件三部分组成。即 DCS 不含检测执行部分。

②实现功能方面。DCS 用于过程连续测量、常规控制(连续、顺序、间歇等)操作控制管理使生产过程在正常情况下运行至最佳工况;而 SIS 是超越极限安全即将工艺、设备转至安全状态。

③工作状态方面。DCS 是主动的、动态的,它始终对过程变量连续进行检测、运算和控制,对生产过程动态控制确保产品质量和产量。而 SIS 系统是被动的、休眠的。

④安全级别方面。DCS 安全级别低,不需要安全认证;而 SIS 系统级别高,需要安全认证。

⑤应对失效方式方面。DCS 系统大部分失效都是显而易见的,其失效会在生产的动态过程中自行显现,很少存在隐性失效;SIS 失效就没那么明显了,因此确定这种休眠系统是否还能正常工作的唯一方法,就是对该系统进行周期性的诊断或测试。因此安全仪表系统需要人为的进行周期性的离线或在线检验测试,而有些安全系统则带有内部自诊断。

8. SIS 工程设计中应注意的问题

①I/O 模块应带光/电或电磁隔离,带诊断,带电插拔。

②来自现场的"三取二"信号应分别接到三个不同的输入卡。

③SIS 关联现场变送器或最终执行元件应由 SIS 系统供电。

④当现场变送器信号同时用于 SIS, DCS 时,应先接到 SIS 系统,后接到 DCS 系统。

⑤I/O 模块连接的传感器和最终执行元件应设计成故障安全型。

⑥不应采用现场总线通信方式。

⑦负荷不应超过 50%~60%。

⑧电源应冗余配置。

⑨应采用等电位接地。

⑩关联的传感器及最终执行元件，在正常工况应是带电（励磁）状态；在非正常工况应是失电（非励磁）状态。

⑪关联的电磁阀采用冗余配置时，有两种方式，即并联连接（可用性好）和串联连接（安全性好）。

9. 典型产品（TCS-900）

（1）TCS-900系统所具备的功能

①安全控制功能。采集输入信号，经过安全控制逻辑运算后，输出驱动信号。

②安全站间通信功能。安全控制站之间交互安全数据，安全完整性等级可达SIL3。

③常规网络通信功能。与安全控制站以外的设备进行通信，包括与DCS控制站的常规站间通信，与工程师站或与操作站之间的数据交互，与Modbus设备之间的数据交互。

④AI/AO模块内置HART通信功能。支持与HART设备进行通信。

⑤OPC通信功能。支持通过OPC协议，将控制站数据开放给第三方。

⑥SOE事件记录功能。采集并记录发生的顺序事件记录。

⑦系统事件记录功能。对系统发生过的事件进行记录。

⑧系统状态指示功能。对系统当前的运行状态进行指示。

⑨时间同步功能。与时钟同步服务器通信，校对控制站的系统时间。

⑩系统组态功能。对控制站的组态进行编辑、编译和下载。

⑪系统在线调试功能。工程师站在联机状态下，对控制站数据进行在线调试。

⑫系统诊断功能。内部诊断系统可识别系统运行期间产生的故障并发出适当的报警和状态指示。

⑬过程诊断功能。检测现场信号回路故障，例如开/短路、变送器故障等。

（2）系统硬件

①安全控制站硬件。其组成包括机柜、机架、模块、电源交换机等，如图6-2所示。控制站部件列表见表6-3。

❖机架。主机架MCN9010（图6-3）和扩展/远程机架MCN9020。

❖模块。控制器模块、总线模块、通讯模块和IO模块及端子板。

❖机柜。系统柜CN011-SIS-S（安装2个机架）、混装柜CN011-SIS-M（安装1个机架）和辅助柜CN011-SIS-A（无机架，安装端子板及辅助设备）。

❖尺寸。2100 mm×00 mm×00 mm（标准尺寸）和2100 mm×00 mm×00 mm。

图 6-2 安全控制站硬件组成

表 6-3 控制站部件列表

型号	部件名称	描述
SCU9010	控制器	三重化，支持冗余，支持安全组态下载，SIL3，SC3，HFT=1，Type B，2oo3D，3-2-0(非冗余)，3-3-2-2-0(冗余)
SCU9020	控制器	三重化，支持冗余，支持安全组态下载，支持 Modbus 主站，支持机组控制，支持超速保护，SIL3，SC3，HFT=1，Type B，2oo3D，3-2-0(非冗余)，3-3-2-2-0(冗余)
MCN9010	主机架	可放置控制器、扩展通信模块、总线终端模块、网络通信模块、I/O 模块等；适用于构建 SIL3 安全回路
MCN9020	扩展/远程机架	可放置扩展通信模块、I/O 模块；适用于构建 SIL3 安全回路
MCN9030	空槽盖板	为空槽提供盖板
MCN9050	配电盒	24 V DC 配电盒，可为 1 个控制站机架、2 个交换机和 12 块端子板配电
SCM9010	扩展通信模块	扩展系统总线至扩展/远程机架，每个机架配置 3 个扩展通信模块，不同机架之间采用级联方式连接；用于构建 SIL3 安全回路
SCM9020	总线终端模块	单独主机架配置时插入扩展通信模块槽位；适用于构建 SIL3 安全回路

表6-3(续)

型号	部件名称	描述
SCM9040	网络通信模块	安装于主机架中,用于与工程师站及第三方通信、站间通信等;按照黑色通道进行设计,适用于构建SIL3安全回路;支持Modbus从站,配合SCU9010使用
SCM9041	网络通信模块	安装于主机架中,用于与工程师站及第三方通信、站间通信等;按照黑色通道进行设计,适用于构建SIL3安全回路;支持Modbus主从站,配合SCU9020使用
SDI9010	DI模块	三重化,支持冗余,32点,统一隔离,SIL3,SC3,HFT=1,Type B,2oo3D,3-2-0(非冗余),3-3-2-2-0(冗余)
SAI9010	AI模块	三重化,支持冗余,32点,统一隔离,SIL3,SC3,HFT=1,Type B,2oo3D,3-2-0(非冗余),3-3-2-2-0(冗余)
SAI9020-H	AI模块	三重化,支持冗余,16点,统一隔离,SIL3,SC3,HFT=1,Type B,2oo3D,3-2-0(非冗余),3-3-2-2-0(冗余),支持HART,配合SCU9020使用
SPI9010	PI模块	三重化,支持冗余,内置独立超速保护逻辑,9点PI,2点DO,统一隔离,SIL3,SC3,HFT=1,Type B,2oo3D,3-2-0(非冗余),3-3-2-2-0(冗余),配合SCU9020使用
SDO9010	DO模块	三重化,支持冗余,32点,统一隔离,SIL3,SC3,HFT=1,TypeB,2oo3D,3-2-0(非冗余),3-3-2-2-0(冗余)
SAO9010-H	AO模块	三重化,支持冗余,16点,统一隔离,SIL3,SC3,HFT=1,Type B,2oo3D,3-2-0(非冗余),3-3-2-2-0(冗余),支持HART,配合SCU9020使用
TDI9010	DI端子板	32点,24 V DC,触点型,SIL3,HFT=0,Type B
TDI9011	DI端子板	32点,24 V DC,电平型,非安全应用,但经认证不影响其他安全应用
TDI9012	DI端子板	32点,48 V DC,触点型,SIL3,HFT=0,Type B
TAI9010	AI端子板	32点,4~20 mA,配电型,SIL3,HFT=0,Type B;32点,0~10 mA,配电型,非安全应用
TAI9011	AI端子板	32点,1~5 V DC,不配电,SIL3,HFT=0,Type B;32点,0~5 V DC,不配电,非安全应用
TAI9012	AI端子板	32点,4~20 mA,不配电,SIL3,HFT=0,Type B;32点,0~10 mA,不配电,非安全应用

表 6-3(续)

型号	部件名称	描述
TAI9020	AI 端子板	16 点,4~20 mA,配电型/不配电型,支持 HART,SIL3,HFT=0,Type B;16 点,0~10 mA,配电型/不配电型,非安全应用
TAI9021	AI 端子板	16 点,1~5 V DC,不配电,SIL3,HFT=0,Type B;16 点,0~5 V DC,不配电,非安全应用
TAO9010	AO 端子板	16 点,4~20 mA,配电型,支持 HART,SIL3,HFT=0,Type B
TPI9010	PI 端子板	9 点 PI,2 点触点信号输出,SIL3,HFT=0,Type B
TDO9010	DO 端子板	32 点,有源输出型,24 V DC,SIL3,HFT=0,Type B
TU003-DOR08	通用八路继电器端子板	8 点,可与 TCS-900 TDO9010,ROCKWELL Trusted T8461 配套使用
CN011-SIS-S/CN011-SIS-A	控制站机柜	用于安装主机架和扩展机架
PW723/2/1 PW731/2/3	系统电源模块	为系统控制站提供直流电源

图 6-3 主机架(MCN9010)

②工程师站硬件。CPU:双核 1.8 GHz 以上;内存:不小于 1 GB;硬盘:不小于 250 GB 可用空间;光驱:CD-ROM Driver;显示适配器(显卡):显存不小于 32 MB,显示模式支持 1280×1024 分辨率,强色(32 位);操作系统:Windows7 Professional SP1 中文简

体 32 位，Windows7 Professional SP1 中文简体 64 位，Windows10 企业版 中文简体 32/64 位。

③系统网络结构。TCS-900 所处的网络结构可以划分为监视层和控制层，监视层主要分布着操作员站、工程师站、SOE 服务器、时钟同步服务器、OPC 服务器等，控制层主要分布着 DCS 控制站、TCS-900 控制站、PLC 控制站、Modbus 设备等。

TCS-900 系统与不同设备之间的通讯方式如下：

❖与工程师站之间通过网络通信模块和 SCnet IV 网络进行通信；

❖与操作员站之间可通过 SCnet IV 网络或 Modbus 网络进行通信；

❖与第三方系统及设备之间主要通过 Modbus 网络进行通信；

❖与信息层之间的设备可通过 OPC 服务器进行通信；

❖与 TCS-900 控制站之间可通过 SCnet IV 网络进行常规站间通信，可通过 SafeEthernet 网络进行安全站间通信。

（3）系统软件。

中控安全控制系统软件包：SafeContrix，SafeManager，SOE，OPC。

①SafeContrix 组态软件。工程师站作为 TCS-900 系统的应用工作平台，安装有中控安全控制系统软件（SafeContrix 软件包）。SafeContrix 组态软件如图 6-4 所示，其集成了硬件组态、变量组态、控制策略开发、系统诊断等功能，具体包括以下几个方面。

❖硬件组态。依据应用需求配置控制站的硬件结构、模块种类及其参数。支持硬件组态的导入和导出。

❖控制方案组态。支持 FBD，LD 编程语言编写用户程序。

❖提供 I/O 位号和自定义变量组态功能：支持位号/变量参数设置、位号/变量导入导出、位号自动生成、位号/变量参数检查及位号调试等功能。

❖用户操作权限组态。支持根据应用需要，为不同的使用者配置不同的组态管理权限；可配置的组态管理权限包括组态读写权限、组态下载权限、组态调试权限和强制权限等。

❖组态下载。支持组态的全体下载和增量下载。

❖输入与输出强制。通过组态，支持输入/输出位号的单点强制。

❖组态调试。支持对用户程序进行调试，支持对控制站内程序执行情况的联机监视，并且在执行调试时不影响调试回路以外的其他逻辑的正确执行。

❖组态操作记录。记录用户对组态的修改和下载等操作，最大记录为 2 万条。

計算机控制系统

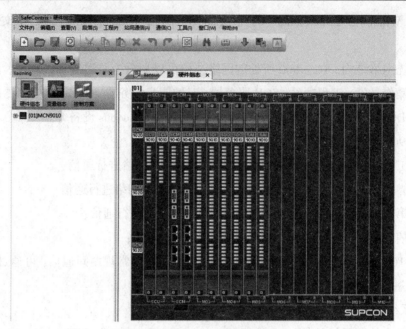

图 6-4　SafeContrix 组态软件

②SOE 管理软件。SOE 管理软件包括 SOE 服务器软件和 SOE 浏览器软件。一个 SOE 服务器最多可以支持 16 个 feContrix 工程。SOE 服务器配置界面如图 6-5 所示。

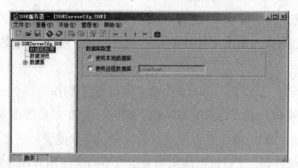

图 6-5　SOE 服务器配置界面

SOE 浏览器软件 SOEBrowser 用于查看 SOE 记录，软件支持按时间和数量来查询 SOE 记录，也支持 SOE 事件记录打印功能。SOE 浏览器如图 6-6 所示。

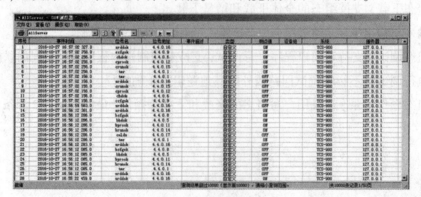

图 6-6　SOE 浏览器

③SafeManager 软件。SafeManager 软件可以根据 SafeContrix 中的硬件组态信息对 TCS-900 系统中的各个硬件设备进行诊断管理。

❖支持对控制器、通信模块、I/O 模块进行实时诊断。

❖支持对控制器、通信模块、I/O 模块进行试灯及事件记录的查看。

❖支持对以下安全相关部件的状态诊断：线路状态、模块状态、站间数据通讯状态和电源状态。

❖支持对以下非安全相关内容进行诊断：时钟同步状态。

④OPC Server。TCS-900 系统采用 OPC 服务器模式对外提供安全控制站实时数据，允许 OPC 客户端(如 HMI 或 SCADA 节点)通过 OPC 服务器访问一个或多个控制站的实时数据，将数据显示在监控画面中。

10. 监控系统

监控系统是集现场信号采集、动态显示、联锁保护等功能于一体的综合性系统。系统以浙江中控技术股份有限公司的 TCS-900 系统为核心，配以适当操作画面 (VxSCADA/VisualField 平台 HMI 软件)，在计算机操作和监视画面上可实现以下功能。

①工具栏位于操作画面的上方,包含了画面切换按钮、报警信息、状态指示、工具按钮和报警确认按钮等。

状态指示：显示系统状态，各指示灯/状态字的含义及正常状态，如图 6-7 所示。

图 6-7 状态指示

控制站当前操作模式：MON/ENG/ADM，分别代表观察员、工程师、管理员，要求已正常投运过程必须切换为 MON 观察员模式(通过主机架左上角权限钥匙操作)；如需维护切换为工程师或管理员；在完成维护后或暂时离开时，均必须投入到 MON 观察员模式。关于 MON/ENG/ADM 的具体权限如表 6-4 所列。

表 6-4 MON/ENG/ADM 的具体权限

操作权限/操作模式	观察模式(MON)	工程模式(ENG)	管理模式(ADM)
切换系统运行状态	禁止	允许	允许
组态下载	禁止	允许	允许
清空组态	禁止	允许	允许
重置联机密码	禁止	禁止	允许
位号/内存变量强制	禁止	允许	允许
写操作变量	允许	允许	允许
初始化操作变量	禁止	允许	允许

表 6-4(续)

操作权限/操作模式	观察模式(MON)	工程模式(ENG)	管理模式(ADM)
标定	禁止	禁止	允许
清除 SOE 记录	禁止	禁止	允许
试灯	禁止	禁止	允许

工具按钮栏,如图 6-8 所示。

图 6-8   工具按钮栏

❖ 用户登录按钮。操作用户登录,保证系统安全性。

❖ 退出画面按钮。用于退出实时监控画面,需要具有相应权限才可以退出。

❖ 打印屏幕按钮。用于打印当前的监控画面。二次弹出选择"是",则打印当前屏幕(需提前连接打印机,并在全局选项中指定打印机);选择"否",则输出到当前计算机"D:\ScreenPrinting"路径(该路径跟随组态根目录)下保存为 BMP 格式文件。

❖ 报警记录按钮。用于打开和查看报警记录页面。

❖ 操作记录按钮。用于打开和查看操作人员的操作记录页面。

❖ 系统诊断按钮。用于打开和查看系统故障诊断画面。

❖ 历史趋势按钮。用于打开和查看趋势画面。

❖ SOE 浏览器按钮。用于打开和查看 SOE 浏览器页面。

❖ 试灯试音按钮。用于辅操台的试灯试音。

②工具栏下方屏幕区域为画面显示区域,可通过点击画面切换按钮或工具按钮切换。本项目中主要有以下画面。

❖联锁逻辑画面,显示了本 SIS 系统中实现的联锁逻辑关系,并可根据不同权限做相应的联锁复位和位号投切动作。当有报警或联锁产生时,相应的联锁页面按钮背景底色会显示红色或红色闪烁,指示有报警产生,按下报警确认按钮后,恢复正常底色。

❖系统信息画面。用于查看 SIS 系统控制站的系统信息和故障情况。

❖报警记录画面。显示报警记录。

❖操作记录画面。显示操作记录。

❖旁路汇总画面。显示所有的旁路(投切)位号。

11. 注意事项

①禁止机架地址重复。上电前应检查机架地址编码是否正确。

②系统正常运行期间，禁止插拔 I/O 模块与端子板之间的 DB 线。

③系统上电前，应检查端子板是否与 I/O 信号类型组态匹配，防止端子板选型及接线错误。

④电源模块输出电压超限时，控制站模块将自动切断模块电源。维护人员应及时检查电源故障原因，更换故障电源模块。

⑤一对冗余插槽内严禁插入不同类型的模块。在非冗余配置情况下，一对冗余插槽的右插槽应插入空模块 MCN9030。

⑥只有在 SOE 服务器已经启动的情况下，系统才能查询最新 SOE 数据。

⑦系统备份导出的工程组态文件是压缩文件，需解压后才能再次使用。

⑧系统正常运行时，建议将主机架上的钥匙开关切换到"MON"档，避免系统被误操作，此时，如开放操作变量，需将控制器的硬件组态"观察模式下操作变量写权限"配置为"可写"。

⑨钥匙开关位于"MON"位置时，SafeContrix 界面中无法查看控制器状态，此时可在 SafeManager 中读取设备信息。MON 模式下用户无法进行控制器下载、清除 SOE、强制位号等操作。

⑩当控制器处于"STOP"状态时，IO 模块的输出值处于故障安全值，与逻辑预设值可能不符。

⑪系统全体下载之前，建议将控制器切换为"STOP"状态，此时 IO 输出信号为故障安全值。

⑫蜂鸣器工作异常时(如响了一声就不再响了)，应检查回路是否为开路或短路。

⑬当软件狗损坏，且控制器状态为"STOP"状态时，可在 SafeManager 软件界面中通过菜单命令将控制器状态从"STOP"切换为"RUN"。

⑭用于连接 I/O 模块和接线端子板的 DB37 线不支持热插拔。

⑮修改组态后，应保证上位机和下位机具有相同的工程组态。

⑯当"通信故障恢复模式"配置为手动时，如出现通信中断，故障消除后在 SafeManager 中点击"手动恢复"按钮可恢复正常通信。若为控制器 SCU9010，则还可通过重新插拔或在线更换控制器/全体下载等操作恢复正常通信。

12.操作员操作职责

监视 SIS 系统运行，预防可能产生的危险；根据预定的操作规范，在 SIS 系统报警时通知相关人员或直接干预系统运行，确保安全、正常生产；维持控制室秩序，爱护设备，文明操作，保持清洁，防灰防水。

本系统对操作人员主要规定了 4 种权限，具体如下：

①观察。只能观察数据，不能做任何修改和操作。

②操作员。本权限适用于合格的 SIS 操作人员，可以进行报警确认、复位按钮开关等相关操作。

③工程师。可以修改控制系统的联锁设定值和其他一些数据；可以下载系统文件；可以退出监控系统；可以增减操作员及修改密码。本权限适用于系统运行维护人员。

④特权。可以对系统进行维护，增加或减少操作人员、工程师；改变操作人员、工程师权限和修改其口令及其他一些系统特殊功能。本权限适用于 SIS 系统维护人员。

13.系统异常情况处理

SIS 操作界面数据不刷新(正常情况数据每秒刷新一次，界面的通讯指示灯周期性闪烁)、系统故障诊断灯变红等情况，应联系 SIS 维护人员进行维护。

SIS 系统出现异常断电，现场将进入预设的安全状态，应立即通知 SIS 维护人员查找原因。

重新上电后，要求工程师检查系统情况，检查联锁设定值、控制输出状态等系统数据是否正常，确认各阀、电气设备的开关状态。当重新供电正常时，如系统已设置为上电后自动 RUN(V1.3 版本后支持该功能)，则在启动过程中系统将自检，如果系统内部安全功能完整，则自动 RUN；否则(如未设置自动 RUN 或自检安全功能不完整)，则安全控制站系统上电后将处于"STOP"状态，所有的联锁逻辑不被执行(系统的 AI/DI 能正常采集显示，但逻辑运算不执行)。应检查系统运行及系统输出数据是否正常，如果有异常现象，应联系维护工程师检查系统和模块的运行和故障诊断状态，必要时重新检查下载组态。一切正常后方可再次将 SIS 控制站 CPU 置于运行模式，并将联锁逻辑控制位号逐一复位。

【实施与考核】

1. 实施流程

接受任务 → 咨询相关信息 → 制定方案 → 制作PPT/操作TCS-900软件 → 验收

2. 考核内容

①SIS 的基本概念、组成与分类。

②SIS 常见的术语。

③SIS 设计应遵循的原则、故障安全原则。

④工程设计中注意的问题。

⑤熟悉 TCS-900 软件 SIS 的界面和操作。

⑥了解目前常用的 SIS 厂家及型号。

参考文献

［1］ 马菲.DCS 控制系统的构成与操作［M］.北京:化学工业出版社,2012.

［2］ 刘玉梅,张丽文.过程控制技术［M］.2 版.北京:化学工业出版社,2009.

［3］ 王琦.计算机控制技术［M］.上海:华东理工大学出版社,2009.

［4］ 任丽静,周哲民.集散控制系统组态调试与维护［M］.北京:化学工业出版社,2010.

［5］ 李江全.计算机控制技术与实训［M］.北京:机械工业出版社,2010.

［6］ 吴才章.集散控制系统技术基础及应用［M］.北京:中国电力出版社,2011.

［7］ 赵瑾.CENTUM CS1000 集散控制系统［M］.北京:化学工业出版社,2001.

［8］ 常慧玲.集散控制系统应用［M］.北京:化学工业出版社,2009.